Hätten Sie gewusst, dass . . .

. . . 1963 eine Katze 155 Kilometer in den Weltraum geschossen wurde und wohlbehalten zur Erde zurückkehrte?

. . . das Skelett der Katze aus 230 Knochen besteht?

. . . Picasso mit einem Auktionspreis von 92,5 Millionen US-Dollar das teuerste Katzenbild aller Zeiten gemalt hat?

. . . in Deutschland jährlich Katzenfutter im Wert von anderthalb Milliarden Euro verkauft wird?

. . . ein Kater namens Simon in England 1949 für *vorbildlichen Kriegs-einsatz in China* mit dem Victoria Cross ausgezeichnet wurde?

. . . dieses Buch all die Fragen zur Katze beantwortet, die Sie sich bisher nicht einmal gestellt haben?

Detlef Bluhm, 1954 in Berlin geboren, war lange Jahre im Buchhandel und in Verlagen tätig und ist seit 1992 Geschäftsführer im Börsenverein des Deutschen Buchhandels Landesverband Berlin-Brandenburg e. V. sowie seit 1996 im Arbeitgeberverband der Verlage und Buchhandlungen. Zudem ist er Vorsitzender des Literaturhauses Berlin e. V. Seit 1989 hat Bluhm als Herausgeber und Autor etwa 20 Bücher veröffentlicht.

Zuletzt erschienen von ihm im insel taschenbuch: *Mit Katzen durchs Jahr. Der Begleiter für Katzenfreunde* (it 4250), *Von Katzen und Frauen* (it 4212) und *Das große Katzenlexikon* (it 3653).

insel taschenbuch 4245
Was Sie schon immer über
Katzen wissen wollten

Detlef Bluhm

Was Sie schon immer über Katzen wissen wollten

Insel Verlag

Umschlagabbildungen: shutterstock.com

2. Auflage 2014

Erste Auflage 2013
insel taschenbuch 4245
Originalausgabe
© Insel Verlag Berlin 2013
Vertrieb durch den Suhrkamp Taschenbuch Verlag
Umschlag: Cornelia Niere, München
Satz: Satz-Offizin Hümmer GmbH, Waldbüttelbrunn
Druck: CPI – Ebner & Spiegel, Ulm
Printed in Germany
ISBN 978-3-458-35945-6

Inhalt

Die erste Katze . . .

. . . ohne Drehbuch im Spielfilm

Die erste und vermutlich einzige Katze, die jemals in einem Hollywoodfilm mitspielte, ohne dass für sie im Drehbuch eine Rolle vorgesehen war, ist in der Anfangsszene von *Der Pate* von 1971 zu bewundern – sie hat dort einen bemerkenswerten Auftritt von etwas mehr als anderthalb Minuten. Der Pate, verkörpert von Marlon Brando, sitzt am Hochzeitstag der Tochter hinter seinem Schreibtisch und wird von einem italienischen Händler um einen nicht gerade alltäglichen Gefallen gebeten. Er soll den Mann umbringen lassen, der die Tochter des Unternehmers entehrt hat. Während des langen Gespräches der beiden sieht man nach einem Kameraschwenk, dass der Pate eine muntere, grau getigerte Hauskatze auf seinem Schoß hält und sie ganz beiläufig, aber mit großer Zärtlichkeit streichelt und ihren weißen Bauch krault.

Es existieren zwei unterschiedliche Geschichten darüber, wie die Katze in den Film gekommen ist. Die erste stammt von Albert S. Rudy, dem Produzent des Films: »Die Katze in der Anfangsszene war nicht im Drehbuch aufgeführt. Sie rannte im Studio umher und fing Ratten. Brando meinte, das wäre doch eine gute Idee: ein mächtiger Mann, der eine Katze streichelt. Sie hat dann so laut geschnurrt, dass wir Brandos Dialog nachträglich nochmals aufnehmen mussten.« Der Regisseur des Films, Francis Ford Coppola, erzählt: »Interessant an dieser Szene ist, dass die Katze auf Marlons Schoß nicht geplant war. Ich sah sie im Studio herumlaufen, schnappte sie mir, drückte sie Marlon ohne nähere Erläuterungen in den Arm und sagte: ›Hier, Marlon‹. Wissen Sie, er liebte Kinder und Tiere. Die Katze gefiel ihm und fasste sofort Zutrauen zu ihm – so wurde sie Teil der Szene, völlig ungeplant. Es war eine Zufallsidee.«

... im Versicherungsrecht

Im 15. Jahrhundert sahen Versicherungsverträge in Frankreich vor, dass der Schiffseigner im Falle der Zerstörung seiner Ware durch Ratten nur dann eine Entschädigung erhalten würde, wenn er nicht vergessen hatte, Katzen an Bord zu nehmen. Wenn ihm die Tiere allerdings auf der Reise starben, ging er der Versicherung nicht verlustig.

... der abendländischen Musikgeschichte

Im sogenannten Glogauer Liederbuch von 1480 ist ein Stück mit dem Titel *Dy katzen phote* enthalten. Das für drei Instrumente eingerichtete Spielstück, das sich als anonymes Werk in dieser mit knapp dreihundert Kompositionen umfangreichsten Musikhandschrift des 15. Jahrhunderts findet, ist das erste dokumentierte Musikstück, das von der Katze inspiriert wurde.

... die einen Nachruf erhielt

1548 erschien in Venedig ein Buch mit dem Titel: *Unterhaltsame Reden zum Tod verschiedener Tiere*. Mit einem sehr emotionalen Text verabschiedet sich darin eine Donna Fiore aus Empoli von ihrem Kater, dessen Name in dem Nachruf leider nicht überliefert wird. Darin stellt sie fest: »Der Tod meines Gatten hat mich nicht so betrübt, wiewohl er sein eheliches Amt verdienstvoll versah.«

... die Tabak rauchte

In einem Buch des holländischen Buchhändlers und Schriftstellers Dirk Pietersz tauchte 1628 erstmalig die Abbildung einer Katze auf, die dem Laster des Rauchens frönte.

... der ein eigenes Buch gewidmet wurde

Nachdem die Katze des italienischen Schriftstellers Domenico Balestrieri (1714-1780) gestorben war, bat er Poeten aus aller Herren Länder, zu Ehren des Tieres ein Gedicht zu verfassen. Achtzig Lyriker folgten seiner Bitte. 1741 erschien dann im Verlag von Giuseppe Marelli (Mailand) das Buch *Lagrime in morte di un gatto (Tränen über den Tod einer Katze)*, das erste Buch der Literaturgeschichte, das einzig einer Katze gewidmet war.

... die um ihrer selbst willen porträtiert wurde

Ein schwarzweißer Kater namens Armellino wohnte im Haus der römischen Dichterin Alessandra Forteguerra. In ihrem Auftrag wurde Armellino um 1850 von Giovanni Reder in Öl gemalt. Auf dem Porträt ist das Sonett anlässlich eines Kusses, den eine schöne und hochgestellte Dame einem Kater gab, von Sperandio Bertazzi zu lesen. So frivol wie der Titel ist auch der Anfang des Gedichtes: »Dieser liebenswerte Kater, eingemeißelt in die Leinwand, | kostete den liebevollen Kuss der schönen Göttin. | Und seitdem nach der Natur ein Porträt von ihm gefertigt wurde, | bewacht man ihn gut und sehr eifersüchtig.«

Die Liebe der Dichterin zu ihrem Kater muss wirklich sehr groß gewesen sein, denn Bertazzi schließt das Sonett mit den Zeilen:

»Und wisse, dass Amor es nur mir gestattet, | innig zu küssen und den gegebenen | liebevollen Kuss aufzunehmen, um die Leidenschaft zu vertiefen.«

... für die ein Haus komplett nachgebaut wurde

Weil Spekulanten in San Remo zwischen dem Meer und dem Haus von Edward Lear (1812-1888) ein Hotel gebaut und ihm damit den Blick auf das Meer genommen hatten, ließ der englische Schriftsteller um 1880 an anderer Stelle eine exakte Replik dieses Haus nachbauen. Der Grund für diesen kuriosen Bauauftrag war der getigerte Kater Foss, mit dem der misanthropische Dichter bereits seit acht Jahren zusammenlebte. Ein Besucher schrieb 1882 in einem Brief über Lears Motive: »Mr. Lear erklärte mir, dass dies unerlässlich für seinen Kater Foss gewesen sei, der ein anderes Haus nicht gebilligt hätte.«

... die in einem Film auftauchte

George Albert Smith (1864-1959) zählt zu den bedeutendsten britischen Filmpionieren. Er trug wesentlich dazu bei, den unsichtbaren Schnitt als wichtigste Montagetechnik des Films zu begründen und zu entwickeln. 1901 drehte er zum ersten Mal in der Geschichte einen Film mit einer Katze: *The Little Doctor und The Sick Kitten*. Zwei Jahre später entstand ein Remake von ihm unter dem Titel *Sick Kitten*, der die Handlung des ersten Films stark verkürzte. Die Filmversion von 1903 kann man sich auf YouTube anschauen.

... der zwei Orden verliehen wurde

Simon hieß ein schwarz-weißer Kater, der seinen Militärdienst 1949 auf dem Jangtsekiang an Bord der HMS Amethyst versah. Als die Amethyst aufgrund eines Bombardements auf einer Sandbank festlief, verteidigte Simon das Schiff und seine Vorräte gegen zahllose Wasserratten. Dafür erhielt er ein Ordensband der Amethyst und als erste Katze überhaupt die Dickin Medal, das englische Victoria-Kreuz für Tiere. Simon war damit der erste Kater, der für einen vorbildlichen Kriegseinsatz mit zwei Orden ausgezeichnet wurde.

... die auf einem Passfoto im Führerschein abgelichtet wurde

Peter Frankenfeld zählt zu den Pionieren des Deutschen Fernsehens und Mitbegründern der populären Fernsehunterhaltung. Als erstem Führerscheinbesitzer wurde ihm 1952 gestattet, sich auf dem Passfoto zusammen mit seiner Katze ablichten zu lassen. Er durfte neben seine Unterschrift sogar die seiner Katze Mutz setzen.

... im Weltraum

Am 18. Oktober 1963 startete eine Rakete vom französischen Raumflughafen Hammaguir in Algerien. An Bord war als einziger Passagier die Straßenkatze Felicette. Die Rakete erreichte eine Flughöhe von einhundertfünfundfünfzig Kilometern und kam wohlbehalten wieder auf die Erde zurück. Am 24. Oktober 1963 unternahm eine zweite Katze den Flug ins All. Doch als die Kapsel zwei Tage später gefunden wurde, konnte die Katze nur noch tot geborgen werden. Weitere felide Astronauten hat es nicht gegeben.

... nach der ein Kindergarten gestaltet wurde

Am 8. Oktober 2002 wurde in Wolfartsweier bei Karlsruhe ein von dem elsässischen Künstler Tomi Ungerer initiierter und geplanter Kindergarten eröffnet. *Katze auf der Pirsch* heißt der Bau in Gestalt einer lauernden Katze. Durch das Maul betritt man den Kindergarten, die großen, runden Augen fluten das Innere mit Tageslicht, und eine Rutsche im Katzenschwanz führt ins Freie. Tomi Ungerer wurde durch seinen Kater Piper zu diesem Projekt inspiriert.

... die ihren Tagesablauf selbst fotografiert

Die erste Katze, die als Fotografin – man kann fast sagen: professionell – ihren Tagesablauf dokumentierte, heißt Mr. Lee und lebt in Amerika. Ihr menschlicher Mitbewohner, der Ingenieur Jürgen Perthold, hat ihr eine Kamera gebaut, die Mr. Lee um den Hals trägt und die alle anderthalb Minuten ein Foto schießt. Inzwischen haben andere Katzenliebhaber Jürgen Pertholds Kamera nachgebaut. Auf der Homepage ⟨www.mr-lee-catcam.de⟩ kann man Mr. Lee und anderen Katzen auf ihren Spaziergängen folgen.

... auf Tauchgang

Der Kater Hawkeye wohnt in Kalifornien. Sein Mitbewohner Gene Alba wollte seine beiden Passionen – Katzen und Tauchen – miteinander verbinden und baute für Hawkeye, der überhaupt nicht wasserscheu ist und gern im Pool schwimmt, einen stabilen Taucheranzug mit Sauerstoffzufuhr. Der dreifarbige Kater ließ sich den Anzug geduldig überziehen und ging als erste Katze im heimatlichen Pool auf Tauchgang. Besonderen Spaß soll er daran haben, auf dem Boden des Pools spazieren zu gehen. Man kann sich das ganze Ereignis auf YouTube (World's Only Scuba Diving Cat) anschauen.

... die geklont wurde

Auf den merkwürdigen Namen CC hört die erste Klonkatze. CC steht für Copy Cat, nach einer anderen Version für Carbon Cat. Am 22. Dezember 2001 erblickte CC in der tiermedizinischen Fakultät der Texas A&M University das Licht der Welt und überlebte als einziges von 87 geklonten Embryonen. Erst im Februar 2002, nachdem ihre Überlebenschancen als sicher galten, wurde die Welt über das gelungene Experiment informiert. Im September 2006 brachte CC drei natürlich gezeugte Jungen zur Welt. Sie lebt heute bei einer Mitarbeiterin an dem Projekt.

Das Unternehmen Genetic Savings & Clone hatte das Projekt gesponsert, um Klone verstorbener Katzen auf den Markt zu bringen. Im Dezember 2004 wurde die erste aus kommerziellen Gründen geklonte Katze zu einem Preis von 50 000,– US-Dollar ausgeliefert. Im Oktober 2006 schloss Genetic Savings & Clone: Das Geschäft mit geklonten Katzen hatte sich (zum Glück) nicht gerechnet.

... die einen Mord mit wissenschaftlicher Akribie aufgeklärt hat

Prince Edward Island ist eine kleine Insel an der kanadischen Ostküste. Am 3. Oktober 1994 verschwand dort die zweiunddreißigjährige Shirley Duguay aus ihrem Haus. Ein paar Tage später wurde ihr Auto gefunden. Es war innen blutverschmiert. Monate darauf wurde ihre Leiche in einem flachen Grab entdeckt. Nicht weit davon entfernt fand man in einem Waldstück eine blutbefleckte Lederjacke. Das menschliche Blut stimmte mit dem Profil der Ermordeten überein, weiße Haare auf der Jacke konnten als Katzenhaare identifiziert werden. Die DNA, die man aus einer der Haarwurzeln isoliert hatte, wurde mit einem Referenzprofil aus dem Blut von Snowball verglichen, einer weißen Katze, die im Haus der Schwiegereltern lebte. Es lag eine 100%-ige Übereinstimmung vor. Auf der Basis dieser Beweislage wurde der Ehemann des Opfers 1997 des Mordes für schuldig befunden. Dieser berühmte Kriminalfall gilt als Präzedenz für die Möglichkeit, Tatverdächtige anhand des genetischen Profils von Tierhaaren mit Kapitalverbrechen in Verbindung zu bringen.

Wie viele Mäuse frisst eine Katze?

Auf den ersten Blick hat diese Frage für viele Menschen keinen großen Stellenwert mehr, denn die meisten Katzen leben heutzutage in Wohnungen, wo Mäuse bekanntlich eher selten anzutreffen sind. Dennoch ist der Schädling Maus präsenter, als viele von uns denken. Seriösen Schätzungen zufolge leben in unseren Städten mehr Mäuse als Menschen – auf dem Land sowieso. Und vor allem dort ist die Maus nach wie vor ein bedeutender Fraßschädling und Überträger von Krankheiten für Mensch und Tier.

Der renommierte Katzenforscher Paul Leyhausen hat vor geraumer Zeit folgende Berechnung angestellt: Die durchschnittliche freilaufende Bauernkatze fängt pro Tag etwa ein bis zwei Dutzend Mäuse. Nimmt man einmal an, sie fängt im Durchschnitt 15 Mäuse am Tag, so sind das also 5000 Mäuse im Jahr. Wer schon einmal eine Maus gehalten hat, weiß, welche erstaunlichen Futtermengen diese kleinen Tiere benötigen: 10 Gramm Getreide pro Tag und Maus sind ein Minimum. Auf 5000 Mäuse ergibt das im Jahr fast 17 Tonnen. Und diesen Verlust erspart uns eine Mausekatze Jahr für Jahr, ihr ganzes Leben lang.

Aus wie vielen Knochen besteht das Skelett der Katze?

Die meisten Leser wird es wundern, aber das Skelett der Katze verfügt über mehr Knochen als das des Menschen, welches aus ca. 212 Knochen besteht. Das Skelett der Katze ist hingegen aus etwa 240 Knochen zusammengesetzt. Diese zusätzlichen Knochen befinden sich vor allem im Schwanz und in der Wirbelsäule.

Eine Besonderheit der Katze stellt ihr Schlüsselbein dar. Dabei handelt es sich um einen in den Oberarm-Kopf-Muskel eingelagerten Knochen, der (anders als bei uns und den übrigen Tieren) mit dem Skelett nicht in direkter Verbindung steht. Das macht sie so außergewöhnlich beweglich und befähigt sie, sich durch engste Ritzen zwängen zu können und ihre Vorderbeine so hintereinander zu setzen, dass sie auch auf dem schmalsten Sims mühelos läuft.

Katzen sind außerdem Zehenläufer. An den Hinterbeinen ist sie mit vier Zehen und an den Vorderbeinen mit fünf Zehen ausgestattet, wovon eine keinen Bodenkontakt hat. Ihre Krallen liegen in Ruheposition durch elastische Bänder zurückgezogen in einer Hauttasche. Sie werden zum

Klettern, zur Reviermarkierung, zur Verteidigung und zum Beutefang ausgefahren.

Über sechshundert Muskeln unterstützen den Bewegungsapparat der Katze und machen sie zu einem kräftigen und reaktionsschnellen Tier, das äußerst sprungstark ist.

Berühmte Katzenfreundinnen

Marie Antoinette (1755-1793) war als Gattin des französischen Königs Ludwig XVI. kein langes Leben vergönnt – rund zwei Jahre nach ihrem vergeblichen Fluchtversuch ins Ausland landete sie auf dem Schafott. Ihren sechs geliebten Katzen der Rasse Türkisch Angora erging es wohl besser. Jedenfalls wird erzählt, dass die wertvollen Tiere mit allerlei königlichem Hausrat per Schiff nach Amerika kamen, um dort allerdings im nordwestlichsten Bundesstaat Maine einfach ausgesetzt zu werden. Die langhaarigen Türkisch Angora sollen sich mit einheimischen Katzen verpaart und damit die Rasse der Maine-Coon-Katzen begründet haben.

Brigitte Bardot (*1934) liebt bekanntlich alle Tiere. Nach Aufgabe ihrer Laufbahn als Schauspielerin startete sie eine zweite Karriere als Tierschützerin. »Eine Katze«, hat sie einmal gesagt, »ist ein Herz mit Fell drum herum.«

Sylvia Beach (1887-1962) gründete im November 1919 in Paris die Buchhandlung Shakespeare and Company, die sich bald zum Zentrum der Bohème entwickelte. Weltberühmt wurde Sylvia Beach, als sie 1922 den *Ulysses*, das

Hauptwerk des irischen Schriftstellers James Joyce, verlegte. In ihrer Buchhandlung lebte der schwarze Kater Lucky, mit dem sich der Katzenliebhaber Joyce schnell angefreundet hat. Lucky hatte zwar die Angewohnheit, die Hüte und Handschuhe der Kunden anzuknabbern, aber das wurde ihm zumeist großmütig verziehen.

Colette (1873-1954) gilt als die Katzenfreundin unter den Schriftstellerinnen schlechthin. In ihrem Roman *La Chatte* (1933) spielt eine Katze die Hauptrolle. Katzen sind auch das Thema vieler ihrer Erzählungen, und für die Oper *Das Kind und der Zauberspuk* (Uraufführung 1925) von Maurice Ravel schrieb sie das Libretto. In dieser Oper gibt es ein sehr kätzisches »Duett, musikalisch miaut vom schwarzen Kater und der weißen Katze«. Colette hat seit ihrer Kindheit mit Katzen zusammengelebt. Die Lieblingskatze ihres Lebens, die sie 1926 auf einer Katzenausstellung in Paris gekauft hatte, hieß La Chatte. Nach deren Tod im Jahr 1939 war Colette untröstlich. Ihr Ehemann Maurice Goudeket berichtete darüber in seinem Buch *Colette*: »Colette trug ihren Kummer mit gewohnter Zurückhaltung. Sie war nur einige Tage schweigsam. Aber Jahre später hörte ich sie noch manchmal seufzen: ›Ja, diese Katze . . .‹ Sie hat sich dann keine Tiere mehr angeschafft – man staunte darüber. Aber die Katze erwies sich eben als unersetzlich. Manche Tiere haben so eine ausgeprägte Persönlichkeit, dass, wo sie verschwinden, nur mehr Leere herrschen kann«.

Leonor Fini (1908-1996) war eng mit Max Ernst, Salvador Dali sowie Man Ray befreundet. Die in Argentinien aufgewachsene surrealistische Malerin lebte mit vielen Katzen zusammen, die sie einmal als »Erinnerung an das verlorene Paradies« bezeichnet hat. In diesem Essay von 1975 heißt es weiter: »Die Empörer, die Rebellen, die Wunderlichen, die Einzelgänger, die Ausgestoßenen, die Ausgeflippten, sie alle lieben Katzen«.

Anne Frank (1929-1945) musste ihren geliebten Kater Moortje zurücklassen, als sie sich mit ihrer Familie vor den Nationalsozialisten in der Amsterdamer Prinsengracht 263 versteckte. Die Dreizehnjährige litt sehr unter der Trennung. Am 1. Oktober 1942 schrieb sie in ihr berühmtes Tagebuch: »Im Garten läuft immer ein kleines, schwarzes Kätzchen herum. Das erinnert mich so an mein Moortje, oh, dieser Schatz!« Die beiden sind ein Herz und eine Seele gewesen: »Ich lief ins Esszimmer, wo ich von Moortje mit Purzelbäumen begrüßt wurde.« (14. Juni 1942) In ihrem Versteck brauchte sie allerdings auf Katzen nicht zu verzichten. »Moffi ist die Lager- und Bürokatze und hält die Ratten vom Lager fern.« Am 3. Mai 1944 vertraute Anne Frank dann ihrem Tagebuch bitter an: »Habe ich dir schon erzählt, dass Moffi weg ist? Sie ist seit vergangener Woche Donnerstag spurlos verschwunden. Bestimmt ist sie schon im Katzenhimmel, und irgendein Tierfreund hat sich einen Leckerbissen aus ihr gemacht. Vielleicht kriegt ein Mädchen mit Geld eine Mütze aus ihrem Fell.«

Tarja Harlonen (*1943) regierte Finnland als Staatspräsidentin von 2000 bis 2012. 2006 trat sie ihre zweite Amtszeit an. Sie ging dabei aus einer knappen Kampfabstimmung als Siegerin hervor. Einige politische Beobachter vermuten, dass die Katze Miska und der Kater Rontti dabei nicht unerheblich geholfen haben, die in Finnland äußerst populär waren. Auf der offiziellen Homepage der Staatspräsidentin wurden im Wahlkampf Fotografien der beiden Katzen präsentiert, u. a. sah man sie bei dem Versuch, den Weihnachtshecht aus der Geschenkpackung zu angeln. Eine erfolgreiche finnische Rockband nannte sich *Die Katzen der Präsidentin*. Als Miska am 15. Juli 2011 im Alter von 17 Jahren starb, sprach ganz Finnland darüber.

Marlen Haushofer (1920-1970) veröffentlichte 1963 den Roman *Die Wand*. Dort beschreibt die österreichische Schriftstellerin sehr ausführlich und nachdenklich das Wesen der Katze. »In Wahrheit bin ich mehr auf sie angewiesen als sie auf mich«, erkennt die weibliche Hauptfigur des Romans schließlich. »Ich glaube nicht, dass die Katze mich so nötig braucht wie ich sie.« Marlen Haushofer publizierte 1964 mit *Bartls Abenteuer* die Geschichte eines Katers »in der Sprache der Vierbeiner, aber ohne den Katzenton vieler Erwachsener«, wie es in einer zeitgenössischen Rezension heißt. 1969 erschien ihr Roman *Die Mansarde*, in dem die Protagonistin auf einer Wiese einer Katze begegnet. Marlen Haushofer lebte lange mit einem Kater namens Iwan zusammen.

Patricia Highsmith (1921-1995) schrieb mit *Mings fetteste Beute* einen Klassiker des Katzenkrimis. Neben zwei weiteren Katzengeschichten, mehreren Gedichten und einem Essay über Katzen schuf sie zahlreiche Katzenzeichnungen. »Katzen geben Schriftstellern etwas, was Menschen ihnen nicht geben können: Sie leisten einem unaufdringlich Gesellschaft, stellen keine Forderungen und sind so friedlich und schillernd, wie eine ruhige, kaum bewegte See«, schrieb sie 1981. »Alle Katzen sind schön«, heißt es an anderer Stelle, »und alle Tiere interessant, sogar Ratten. Vom Menschen würde ich das nicht behaupten.«

Doris Lessing (*1919), die englische Literaturnobelpreisträgerin, hat sich 1967 mit ihrem Buch *Particularly Cats (Doris Lessings Katzenbuch)* in den Kanon der Katzenweltliteratur geschrieben. Dieses Buch, das ihr Leben mit Katzen von Kindheit an beschreibt, gehört in jede Katzenbibliothek. Es ist ein beeindruckender Bericht über alle ihre Katzen, mit denen sie bis dahin zusammengelebt hat.

Rosa Luxemburg (1871-1919) fand eines Tages in einem Klassenzimmer der SPD-Parteischule in Berlin eine verletzte Katze, die sie mitnahm und gesund pflegte. Als sie 1915 eine lange Haftstrafe antreten musste, wurde sie zum ersten Mal von ihrer Katze Mimi getrennt. An ihre Haushälterin Mathilde Jacob schrieb sie direkt nach ihrem Haftantritt: »Liebes Fräulein Jacob, ich erweise Ihnen die höchste Ehre, die ich einem Sterblichen antun kann: ich werde Ihnen meine Mimi anvertrauen!« Im Oktober 1915 schlug Mathilde Jacob vor, Mimi in einem Korb bei einem Besuch im Gefängnis mitzubringen, wohl in der Hoffnung, Rosa Luxemburg würde sich darüber freuen, ihre geliebte Katze wiederzusehen. Aber die Revolutionärin reagierte darauf völlig unerwartet: »Die Idee mit der Mimi zeigt mir, dass auch gute Geister, ja namentlich diese, die Schwäche und Gebrechlichkeit der irdischen Dinge nicht zu erfassen vermögen. Die Mimi im Korb getragen, für einen Tag mitgenommen und dann wieder abgeliefert! Wie wenn es sich um eine gewöhnliche Kreatur aus der Gattung der felis domestica handelte! Nun wissen Sie, guter Geist, dass Mimi eine kleine Mimose, ein hypernervöses Prinzesschen im Katzenfell ist . . . Also lassen wir Mimichen in der Wohnung.« Kurz darauf starb die Katze, und Mathilde Jacob wagte es mit Rücksicht auf Rosa Luxemburgs Gesundheitszustand nicht, ihr von Mimis Tod zu schreiben. Erst vier Monate später erfuhr sie die Wahrheit und schrieb bitter: »Sie können wieder einmal sehen, dass es barmherziger ist, offen und ehrlich gleich die ganze Wahrheit zu sagen, als vor falscher Rücksichtnahme jemanden monatelang im Irrtum zu lassen.« Denn sie machte sich große Vorwürfe, dass sie die ganzen vier Monate klaglos gelebt hatte, ohne vom traurigen Ende des Tieres zu wissen.

Ella Maillart (1903-1997), die Schweizer Sportlerin und Schriftstellerin, beschrieb in den vierziger Jahren in dem Buch *Ti-Puss. Mit einer Katze in Indien* ihre Erlebnisse mit einer Katze, die sie in Indien aufgezogen hatte. Mehrfach verloren sich die beiden auf ihren Reisen durch den Subkontinent – und doch fanden sie sich immer auf fast wunderbare Weise wieder –, bis Ella Maillart Indien verlassen musste. *Ti-Puss* ist eines der anrührendsten Bücher über Katzen.

Marilyn Monroe (1926-1962) lebte Mitte der fünfziger Jahre zusammen mit ihrer weißen Perserkatze Mitsou in New York. Der eigene Ruhm stand ihr einmal im Weg, als sie telefonisch beim Tierarzt einen Termin für ihre Katze vereinbaren wollte. »Sie dachten, ich würde sie auf die Schippe nehmen, als ich sagte: ›Hier ist Marilyn Monroe. Meine Katze kriegt Junge.‹ Die glaubten, ich sei nicht ganz dicht und legten auf.«

Florence Nightingale (1820-1910) hatte trotz aller romantisch verklärten Vorstellungen nur wenig Kontakt zu den Kranken und Verwundeten, deren pflegerische Betreuung sie organisierte. Ihre Leistung besteht vielmehr darin, die moderne Krankenpflege als eigenständige Disziplin innerhalb der medizinischen Wissenschaft erfunden und durchgesetzt zu haben. Neben dieser schwierigen und aufreibenden Tätigkeit nahm sie sich viel Zeit für ihre Katzen, mit denen sie zusammenlebte – zeitweise waren es siebzehn Tiere gleichzeitig. Ihrem engen Freund Sidney Herbert, dem damaligen Staatssekretär des britischen Kriegsministeriums, schrieb sie einmal in einem Brief: »Die stummen Tiere beobachten einen so viel genauer als die Menschen und sie wissen so viel besser, was man denkt.« In einem anderen Brief berichtete sie von ihrem Kater Thomas: »Ich möchte Thomas nicht weggeben. Er ist dumm, unwissend, schmutzig und ein Dieb, ich glaube aber nicht, dass irgendjemand ihn behalten und so nett behandeln würde wie wir.« Mit wir meinte sie sich und mehrere Pflegerinnen, die sie für ihre Katzen angestellt hatte. In vielen ihrer zahlreichen Briefe sind die Spuren ihrer Katzenliebe buchstäblich zu sehen: Florence Nightingale hat sie mit Pfotenabdrücken ihrer Lieblinge aus Tinte versehen.

Teje (1398 v. Chr.-1338 v. Chr.) ist heute nur noch einem kleinen Kreis von Ägyptologen bekannt. Die Gattin des Pharao Amenophis III. zählt jedoch zu den ältesten dokumentierten Katzenfreundinnen der Geschichte. Ein Papyrus zeigt Teje während einer Bootsfahrt. Von ihren beiden Töchtern flankiert sitzt sie auf einem Stuhl, neben ihr hockt in der Mitte des Bildes eine Katze mit erhobenem Schwanz. Die zentrale Position der Katze und ihre unmittelbare Nähe zur Frau des Herrschers belegt die Verbundenheit der beiden und die herausragende Bedeutung der Katze im alten Ägypten.

Königin Victoria von England (1819-1901) ist vor allem für ihre Hundeliebe bekannt, was angesichts der Leidenschaft der Royals für die Jagd nicht weiter verwundert. Erstaunlich ist dagegen, dass sich die Königin in ihren letzten Lebensjahren zu White Heather hingezogen fühlte, einer schwarz-weißen Perserkatze, die sie abgöttisch geliebt haben soll. Nach Victorias Tod wurde White Heather weiterhin königlich verwöhnt – auch auf Veranlassung von Englands neuem Herrscher, Victorias Sohn Eduard VII.

Wanda Wulz (1903-1984) wurde in Triest geboren. Ihre Familie betrieb dort seit 1860 ein Foto-Studio, das sich in den zwanziger Jahren zum Treffpunkt der künstlerischen Avantgarde entwickelte. Wanda Wulz war außergewöhnlich vielseitig interessiert. Neben der Fotografie erlernte sie das Fliegen, außerdem trat sie als One-Woman Jazz Band auf. Aus einem Foto ihres Katers Pippo und ihrem Selbstportrait entstand durch eine Doppelbelichtung des Bildpositivs unter dem Titel *Ich + Katze* eine Inkunabel der Fotografie. Kein anderes Bild der Kunstgeschichte hat die Symbiose von Katze und Frau so konsequent zu Ende gedacht wie diese Fotografie von Wanda Wulz.

Können Katzen im Dunkeln sehen?

»Sie hat einen so durchdringlichen Blick, dass sie durch das Feuer ihres Lichts die nächtlichen Finsternisse überwindet«, bemerkte Isidor von Sevilla um 600 n. Chr. über die Sehkraft der Katze und lag mit seiner Beobachtung gar nicht falsch.

In Relation zu ihrer Körpergröße besitzt die Katze die größten Augen aller Fleischfresser. Der Durchmesser ihrer Augen liegt bei etwa 21 Millimetern, beim viel größeren Menschen lediglich bei 24 Millimetern. Das Auge der Katze tritt weit aus ihrem Schädel hervor. Dies ermöglicht einen ungewöhnlich breiten Sehwinkel von 280 Grad. Davon entfallen 120 Grad auf einen breiten Frontalbereich, den beide Augen gleichzeitig erfassen. Hier sieht die Katze räumlich, eine unverzichtbare Voraussetzung zur genauen Abschätzung von Entfernungen. Die Katze kann so einen relativ großflächigen Geländebereich räumlich erfassen, ohne sich dabei zu bewegen – ideal für einen geduldigen Jäger, der nicht von seiner Beute bemerkt werden möchte.

In Bezug auf ihre Sehschärfe ist die Katze dem Menschen übrigens nicht überlegen, im Gegenteil. Lediglich im Sehbereich von zwei bis sechs Metern verfügt sie über eine dem menschlichen Auge vergleichbare Sehschärfe. Auch die sprichwörtlichen Luchsaugen leisten nicht mehr. Außerhalb dieses Blickfeldes registriert die Katze ihre Umwelt nur undeutlich. Dennoch bleibt ihr auch in diesem Bereich keine Bewegung verborgen, sie erfasst sie nur nicht so präzise wie in ihrem visuellen Kernbereich. »Ihren« Menschen erkennt sie trotzdem bis zu einer Entfernung von ungefähr 100 Metern – nicht am Gesicht, wohl aber an seinen charakteristischen Bewegungen und am Körperumriss.

Eine Katze benötigt das Scharfsehen nur dort, wo es unbedingt nötig ist: für eine Entfernung von ein oder zwei Katzensprüngen. Denn sie schleicht sich an ihre Beute so nah heran, bis diese in das Feld gerät, in dem ihre Sehschärfe am besten ist. Dann wird die genaue Entfernung zur Beute optisch vermessen. Die Katze duckt sich zum Sprung und setzt exakt die Muskelkraft und Geschwindigkeit ein, die sie benötigt, um ihr Ziel punktgenau zu erreichen.

Die herausragende Fähigkeit des Katzenauges ist also nicht seine Sehschärfe, sondern seine Sehstärke, die extreme Lichtempfindlichkeit. Bei hellem Sonnenlicht verengt sich die Pupille des Katzenauges zu einem schmalen Schlitz, um den Lichteinfall zu reduzieren und damit das hochempfindliche Auge zu schützen. In der Dämmerung und während der Nachtstunden weitet sich die Pupille dagegen zu einem schwarzen, kreisrunden Teich, der sich blitzschnell auf veränderte Lichtverhältnisse einstellt.

In der Dunkelheit hilft der Katze noch eine andere biologische Besonderheit: Ihr Augenhintergrund ist zusätzlich mit einer reflektierenden Schicht versehen, dem tapetum lucidum, einem Lichtverstärker, mit dem sie sich orientieren kann. Das tapetum lucidum ist auch die Ursache der sogenannten Photolumineszenz, dem nächtlichen Aufleuchten der Katzenaugen, das auf den Menschen so unheimlich wirkt. Bei völliger Dunkelheit hingegen kann auch die Katze trotz landläufiger Vorstellung nichts mehr sehen. Noch schwächer als ihre Sehschärfe ist das Farbsehen der Katze. Ihr Auge hat nicht nur weniger Zapfen auf ihrer Netzhaut als das menschliche, ihr fehlen auch diejenigen Zapfen, die für rotes Licht empfänglich sind. Deshalb kann sie wohl Grün und Blau unterscheiden, nimmt aber vermutlich Rot und Gelb nur als undifferenziertes Grau wahr. Aber das spielt keine besonders wichtige Rolle für die Katze. Da sich die Hauptbeute der Katze seit Jahrmillionen in einem grauen oder graubraunen Fell durch die Welt bewegt, hat sich das Farbinteresse der Katze schon immer in Grenzen gehalten.

Die schönsten Katzenmusikstücke

Domenico Scarlatti | *Katzenfuge*, Klaviersonate Nr. 30 (1738) Wie es heißt, wurde Scarlatti zu dieser Fuge inspiriert, als seine Katze über die Tastatur des Klaviers spazierte.
Gioacchino Rossini | *Katzenduett* (1825) Einige Musikwissenschaftler bestreiten heute, dass Rossini dieses phantastische Duett komponiert hat und schreiben es dem englischen Komponisten Robert Lucas Pearsall zu.
Frédéric Chopin | *Katzenwalzer*, Walzer op. 34 Nr. 3 (1838)
Maurice Ravel | *Das Kind und der Zauberspuk*, darin: *Duett eines Katers mit einer Katze* (1920-1925)
Harry Chapin | *Cat's in the Cradle*, aus: *Verities & Balderdash* (1974) Bekannt wurde der Song durch die amerikanische Hard-Rock-Band Ugly Kid Joe, die ihn 1992 auf ihrem Album *America's Least Wanted* veröffentlichte. Eine bitterböse Version des Liedes hat Bob Rivers unter dem Titel *Cat's in the Kettle* veröffentlicht.
Andrew Lloyd Webber | *Memory*, aus: Cats (1981)

Cat Power | *Keep On Running'*, aus: *Your Are Free* (2003) Dieses Lied hat eigentlich gar nichts mit einer Katze zu tun, und die Sängerin Charlyn Marie Marshall hat meines Wissens auch noch nie ein Lied über Katzen komponiert oder gesungen. Aber sie tritt eben als Cat Power auf und gehört schon deshalb auf diese Liste.

The Weakerthans | *Plea From A Cat Named Virtute*, aus: *Reconstruction Site* (2003)

Ry Cooder | *Red Cat Till I Die*, aus: *My Name Is Buddy* (2007)

Mindaugas Piecaitis | *Catcerto* (2009) → Können Katzen Klavier spielen?

Nehmen Katzen Drogen?

Definitiv ja. Der Hang zum Drogenkonsum ist bei Katzen sogar ziemlich verbreitet. Wissenschaftler haben herausgefunden, dass jede zweite Katze zum Drogenrausch neigt. Allerdings können in der Regel nur freilaufende Katzen dieser Lust tatsächlich frönen, denn die angesagte Droge wächst im Freien und ist unter dem Namen Katzenminze bekannt.

Katzenminze (Nepeta cataria), auch Katzenkraut genannt, gehört zur Gattung der Lippenblütler. Das ihr eigene Öl namens Nepetalacton löst bei etwa der Hälfte aller Katzen – das gilt auch für Raubkatzen – ungefähr zehnminütige Rauschzustände aus. Katzen reiben ihren Kopf an der Minze und reagieren dann wie toll. Sie beginnen laut zu schnurren, rollen sich auf dem Boden, vollführen Luftsprünge, bekommen einen flatternden Blick. Die Empfänglichkeit für diese Rauschzustände ist genetisch bedingt, also nicht geschlechtsspezifisch, alters- oder stimmungsbedingt. Bis zum Alter von drei Monaten meiden alle Katzen die Minze, dann entscheidet sich, ob eine Disposition für den Drogengenuss vorliegt oder nicht. Was sich im Kopf der Katze während des Rausches abspielt, ist noch nicht bekannt. Genauso wenig hat man bisher negative Nebenwirkungen beobachten können. Ähnlich können Katzen übrigens auf Baldrian reagieren.

Die Wirkung der Minze auf Katzen ist schon lange bekannt. Das *Große vollständige Universal Lexikon aller Wissenschaften und Künste* von Johann Heinrich Zedler (1706-1751) beschrieb sie schon 1737: »Wenn man denen Katzen-Baldrian, oder Katzen-Kraut vorwirfft, so machen sie allerhand lächerliche und poßierliche Sprünge und Posituren.« Und einem Brief des englischen Schriftstellers Robert Southey aus dem frühen 19. Jahrhundert kann man entnehmen, dass Southey nach dem Tod seines Katers Katzenminze auf dessen Grab gepflanzt hat – in Erinnerung an die Begeisterung, die dieses Kraut bei Rumpelstilzchen ausgelöst hatte.

In seltenen Ausnahmefällen reagieren Katzen aber auch auf Drogen, deren Genuss für sie untypisch ist, beispielsweise Haschisch. Die Witwe des polnischen Schriftstellers Christian Skrzyposzek hat in einem Interview mit dem Deutschlandfunk über die Katzen ihres Mannes diese Begebenheit erzählt: »Christian hat Hanf gezüchtet, also in seinem Arbeitszimmer oben auf der Fensterbank, wo die Katzen eigentlich nicht hinkamen, und sogar der dickste Kater, der war so wild darauf, der hat es geschafft hochzuspringen und ihm das alles wegzufressen. Wir stehen morgens auf, und wir wundern uns, dass die Katzen so merkwürdig aussehen. Wir haben uns zuerst nichts dabei gedacht, und plötzlich höre ich einen Schrei. Christian schreit: ›Diese Biester, dieser Wahnsinn, das sind doch richtige Verbrecher, die haben uns alles geklaut, alles haben die mir geklaut!‹ Und dann lagen sie so ganz genüsslich auf dem Teppich und waren – na ja, man muss schon sagen – den ganzen Tag tatsächlich high.«

Ganz ähnlich verhält es sich mit dem Genuss von Alkohol: Die allermeisten Katzen wenden sich pfotenschüttelnd ab, wenn der Dunst von Bier oder Wein ihre feine Nase erreicht hat. Es gibt aber auch hier Ausnahmen. Beispielsweise die Katze von Jerome K. Jerome, die der englische Schriftsteller in seinem Buch *Müßige Gedanken eines Müßigen* so beschreibt: »Eine andere Katze, die ich besaß, betrank sich regelmäßig alle Tage. Sie konnte stundenlang vor der Kellertür lauern, um bei der ersten Gelegenheit hineinzuschlüpfen und das aus dem Fass getropfte Bier aufzulecken. Ich erwähne diese ihre Gewohnheit nicht zum Ruhme ihrer Gattung, sondern um zu zeigen, wie einige von ihnen beinahe menschenähnlich sind. Ihre Eitelkeit kam gleich hinter der Liebe zum Trunk.« Einem anderen biertrinkenden Kater begegnen wir in der Weihnachtsgeschichte *Suppenwürze* des irischen Schriftstellers John B. Keane. Zunächst betrachtet der Kater das Weihnachtsvergnügen aus einer sehr distanzierten Position: »Auch der große graue Kater, der oben auf dem Reetdach des langgestreckten Hauses am warmen Schornstein saß, beäugte argwöhnisch jeden Ankömmling.« Dann aber, als die irische Weihnachtsfeier auf ihrem Höhepunkt anlangt, verfällt auch er der allgemeinen Trunkenheit. »Schalen, Becher und Tassen, auch Gläser, Blechdosen, Marmeladennäpfe und Wasserkrüge mussten als Trinkgefäße herhalten. Diesem Trubel konnte sich selbst der Kater nicht entziehen. Er schlappte eine halbvolle Untertasse Starkbier aus und maunzte nach mehr. Genüsslich machte er sich über ein zweites Schälchen her. Das Getränk tat seine Wirkung, und er schnurrte entgegen seiner Katerwürde hemmungslos.«

In seiner märchenhaften Erzählung *Die mehreren Wehmüller und ungarischen Nationalgesichter* berichtet Clemens Brentano um 1815 von einem weintrinkenden Kater, den man der Kategorie »heimlicher Trinker« zuordnen kann: »Merkwürdig war es mir besonders an dem Tiere, dass es, als ich ihm scherzhaft bei Tage einigemal Wein aus meinem Glase zu trinken anbot, sich gewaltig dagegen sträubte und ich es doch einst im Keller erwischte, wie es den Schwanz ins Spundloch hängte und dann mit dem größten Appetit ableckte.«

Schließlich sollte noch die Geschichte von Webster erwähnt werden, die der englische Romancier Pelham Grenville Wodehouse 1933 in dem Band *Mulliner Nights* veröffentlichte. Der Kater Webster war in einem bischöflichen Haushalt aufgewachsen, wurde dann aber für längere Zeit zu einem sehr weltlich eingestellten Neffen des Geistlichen in Pflege gegeben. Unter dessen Einfluss verfiel der arme Webster dem Trunk: »Webster kauerte neben der größer und größer werdenden Whiskylache. Doch kauerte er nicht etwa aus Missfallen oder Ekel. Er kauerte, weil er kauernd näher an den Saft herankam und sauberere Arbeit leisten konnte. Wie ein Kolben schoss seine Zunge hin und her. Webster hatte sich nun wie der Hirsch am Abend satt getrunken. Er hatte vom Alkohol gelassen und drehte einige langsame und nachdenkliche Runden. Von Zeit zu Zeit miaute er vorsichtig. Darauf verfiel er plötzlich in einen beschwingten Tanzschritt, einer Sarabande nicht unähnlich.«

Können Katzen Geld verdienen?

Heutzutage verdienen nur noch wenige Katzen ihr eigenes Geld. Sie sind dann hauptsächlich freiberuflich tätig. Das war in früheren Zeiten anders. Meist waren sie im öffentlichen Dienst tätig.

In Amerika waren um 1900 dreihundert Katzen bei fünfzig Postämtern offiziell registriert. Ihre Aufgabe bestand darin, neugierige, futtersuchende Nagetiere von Postgütern fernzuhalten und zu verhindern, dass sie sich in Postsäcke einnisten. Jedem Postmeister wurde dafür ein Etat von bis zu 40 Dollar jährlich zugestanden. Er musste allerdings vierteljährliche Berichte über das Ergebnis der Katzenarbeit verfassen und nach Washington senden.
Über den Einsatz von Postkatzen in England ist Genaueres bekannt. Dort stand seit 1866 jedem Postamt ein Etat für den Unterhalt von »Amtskatzen« zur Verfügung. Zahlreiche, aus heutiger Sicht kuriose Korrespondenzen dokumentieren die Probleme beim Einsatz der felinen Angestellten. Im Londoner Hauptpostamt befinden sich dicke

Akten zu diesem Thema. So beantwortete ein Oberpostmeister am 23. September 1868 die Anfrage eines Londoner Postmeisters zur Beschäftigung von Amtskatzen mit amtlicher Genauigkeit: »Drei Katzen sind probeweise zugelassen. Sie müssen aber eine Aufnahmeprüfung bestehen und sollten nach Meinung des Amtes weiblichen Geschlechts sein. Es ist wichtig, dass die Katzen nicht überfüttert werden, und deshalb können wir nicht mehr als 1 s. [Shilling] Wochengehalt für ihren Unterhalt bewilligen. Der Hauptteil der Einkünfte der Katzen müssen die Mäuse sein, und wenn innerhalb von sechs Monaten die Zahl der Mäuse nicht zurückgeht, so ist die Auszahlung der Besoldung zu sistieren.« Er fragt anschließend an, ob es möglich sei, eine Statistik über die Anzahl der vertilgten Mäuse anzufertigen, doch leider fehlt ein Hinweis darauf, wie die erbetene Statistik zu erstellen sei. Dennoch, der Einsatz der drei Katzen war offenbar von Erfolg gekrönt – fünf Jahre später wurde ihr Salär verdoppelt.

Im Gegensatz zu diesen drei anonym gebliebenen Amtskatzen brachte es Peter, von 1948 bis 1964 Mäusevertilger im britischen Innenministerium, zu Ruhm und Ansehen. Einmal schmückte er sogar die weihnachtliche Glückwunschkarte des damaligen Innenministers Richard Butler. Über den Angestellten Peter – Jahresgehalt sechs Pfund und zehn Shilling – wurde eine eigene Akte geführt, und als er im Alter von sechzehn Jahren wegen eines unheilbaren Leberleidens eingeschläfert werden musste, fand eine feierliche Beisetzung auf dem Tierfriedhof Ilford bei London statt. Der Zürcher Tages-Anzeiger berichtete darüber am 18. März 1964: »Ein Angestellter schob den Eichensarg mit Bronzegriffen auf einem mit blauem Samt ausgeschlagenen Karren zum Grab. Zwar folgten dem Sarg keine Regierungsmitglieder, und auch von einem königlichen Beileidsschreiben wurde nichts bekannt, aber im Trauerzug befanden sich ein mit einem blauen Samtumhang angetaner Affe aus dem benachbarten Tiergarten, ein Pony und zwei ältere weibliche Angestellte aus dem Innenministerium. Auch Dutzende von Reportern hatten sich eingefunden.«

Die britische Bahn war ebenfalls ein wichtiger Arbeitgeber für Katzen – bis am 1. April 1994 in England der sogenannte Railways Act in Kraft trat. Bei dessen Umsetzung wurde die englische Bahn privatisiert und an über 100 regionale Bahngesellschaften verkauft. Im Zuge der Neustrukturierung des englischen Bahnwesens erging die Anweisung, sämtliche Katzen zu entlassen. Bis dahin hatten Katzen auf Bahnhöfen, in Stell- und Betriebswerken dafür gesorgt, dass Ratten und Mäuse keinen Schaden anrichteten. Die staatliche britische Bahn hatte vor der Privatisierung Gelder zur ärztlichen Versorgung und Fütterung von Katzen zur Verfügung gestellt. Damit war es nun vorbei.

Selbst die Armee konnte offensichtlich auf den Dienst von Katzen nicht verzichten. Sie wurden im Ersten Weltkrieg auf der Seite der britischen Truppen sogar an die Front geschickt, um Schützengräben und Feldküchen von Ratten und Mäusen zu befreien. Aus dieser Zeit ist auch ein unvollständiger Schriftwechsel zwischen dem amerikanischen Verteidigungsministerium und einer Flugzeug- und

Ballonfabrik erhalten. Deren Katzenbestand hatte sich innerhalb eines Jahres von zehn auf zweiundzwanzig Tiere vermehrt, was den zuständigen Offizier bewog, nach Washington zu berichten, dass es zwar vorteilhaft sei, eine solch starke Katzentruppe zur Verfügung zu haben, gleichzeitig jedoch anzufragen, wann diese Vermehrung gestoppt werden solle: »Weil ja der Zweck dieser Katzen die Beseitigung von Schädlingen ist und weil schon der ursprüngliche Katzenbestand diese Aufgabe zur vollen Zufriedenheit erfüllte, ist zu fragen, von welchem Moment an das ständige Anwachsen der Mannschaft zu einer unnötigen Bürde für die Verwaltung wird, vor allem im Hinblick auf die bevorstehende totale Vertilgung der Ratten und die dann nötig werdende Beschaffung riesiger Mengen von Katzenfutter über das Haushaltsbudget der Armee.« Während der sich anschließenden, aber ergebnislosen Korrespondenz teilte der Offizier seinen Vorgesetzten in Washington lapidar mit, dass inzwischen bereits fünf neue Kätzchen zur Truppe gestoßen seien. Der weitere Schriftwechsel ist leider verloren gegangen. Es existiert nur noch ein Protokoll der Fabrikverwaltung, das die restlose Vernichtung von Mäusen und Ratten auf dem Gelände festhält.

Die Zeit der fest angestellten Katzen ist längst vorbei. (Man fand sie übrigens auch in Bibliotheken, im Theater, in Druckereien, im Zirkus und im Einzelhandel.) Dennoch gibt es heute noch Katzen, die eigenes Geld verdienen. Sie arbeiten freiberuflich hauptsächlich für Verlage, in der Werbung und beim Film.

Katzenrekorde

Die höchstbezahlte Biographie einer Katze

An einem eiskalten Januarmorgen des Jahres 1988 fand
die Direktorin der Stadtbücherei von Spencer im amerikanischen Bundesstaat Iowa, Vicki Myron, in dem großen
Briefkasten, der zur Rückgabe gelesener Bücher außerhalb
der Öffnungszeiten aufgestellt war, ein winziges Katzen-
junges. Es miaute schrecklich, hatte struppiges Fell und
fast erfrorene Pfoten. Vicki Myron beschloss nach Rück-
sprache mit ihren Mitarbeiterinnen und Mitarbeitern, den
rot gestromten Maine-Coon-Kater als Bibliothekskatze zu
adoptieren. Der ausgesetzte und auf den Namen Dewey
getaufte Kater avancierte schnell zum Liebling der ganzen Stadt und wurde weit über Spencer hinaus berühmt.
Als beliebtester Kater der Welt trat er in Fernsehdokumen-
tationen auf; zahlreiche Medien haben über ihn und sein
Leben in der Bibliothek berichtet. Als Dewey am 29. November 2006 im Alter von neunzehn Jahren starb, rollte
eine Welle des Mitgefühls aus ganz Amerika auf die kleine
Stadtbibliothek zu.

Der amerikanische Verlag Grand Central legte sagenhafte
1,25 Millionen Dollar auf den Tisch, um sich die Rechte
an Deweys Biographie zu sichern. Geschrieben wurde sie
von der Bibliotheksdirektorin Vicki Myron und zwei Co-
Autoren.

Der erfolgreichste Mäusefänger?

Der Kater Towser lebte vom 21. April 1963 bis zum 20. März
1987, also fast vierundzwanzig Jahre, in der 1775 gegründeten schottischen Whiskydestillerie Glenturret. Der Home-

page des Unternehmens und Wikipedia ist zu entnehmen, dass Towser in seinem langen Leben fast dreißigtausend Mäuse gefangen haben soll. Beide Quellen berichten auch, dass der Kater aufgrund dieser Lebensleistung ins Guinness-Buch der Rekorde aufgenommen worden sei.

Rechnen wir doch einmal nach: Towser muss während seines ganzen Lebens pro Jahr rund 1200 Mäuse erlegt haben, pro Monat wären das 100 Nager. Jeden Tag hätte Towser demnach ungefähr drei Mäusen das Leben genommen. Ganz abgesehen von der Frage, wie man die Zahl von fast dreißigtausend getöteten Mäusen ermittelt haben will, ist diese Jagdleistung eigentlich nicht erwähnenswert, denn wir haben ja am Anfang dieses Buches gelernt, wie viele Mäuse eine durchschnittliche freilaufende Bauernkatze pro Tag fängt und sind dadurch zu einer jährlichen Fangleistung von 5000 Mäusen gekommen. Also gebührt die Ehre des rekordhaltenden Mäusefängers nicht Towser, sondern mit Sicherheit einer freilaufenden anonymen Bauernkatze.

Die älteste Katze

Ma war eine getigerte Hauskatze und lebte in England. Sie starb am 5. November 1957. Sie hatte zu diesem Zeitpunkt ihr vierunddreißigstes Lebensjahr vollendet. Genauso alt wurde Grandpa Rex Allen, eine amerikanische Zuchtkatze, die am 1. April 1998 ihr Leben aushauchte. Beide sind damit die langlebigsten Hauskatzen, die je dokumentiert wurden.

Die schwerste Katze

Auf ein Gewicht von 21,3 Kilogramm brachte es die australische Hauskatze Himmy, die 1986 im Alter von zehn Jahren starb. Nicht weit von dieser Rekordmarke entfernt befindet sich Mikesch, der am 1. April 2004 in das Berliner Tierheim Falkenberg eingeliefert wurde, weil sein Halter in ein Pflegeheim kam. Mikesch brachte immerhin stolze 18,5 Kilogramm auf die Waage.

Die Katze mit den meisten Zehen

Polydaktylie (Vielzehigkeit) nennt man in der Veterinärmedizin eine zumeist harmlose Anomalie, nämlich das Vorhandensein einer von der anatomischen Norm abweichenden Mehrzahl von Zehen. In der Regel verfügen Katzen über fünf Vorder- und vier Hinterzehen pro Lauf, also insgesamt über achtzehn Zehen. Die amerikanische Katze Twinkle Toes hingegen hält folgenden Rekord: Sie hat fünfundzwanzig Zehen, je sechs an den Hinterpfoten, sechs an der linken und sieben an der rechten Vorderpfote.

Die fruchtbarste Katze

Die fruchtbarste Katze, die je dokumentiert wurde, hieß Dusty. Die Hauskatze lebte in den Vereinigten Staaten. Sie warf insgesamt vierhundertzwanzig Junge. Ihr letzter Wurf am 12. Juni 1952 bestand aus nur noch einem Kätzchen.

Die am weitesten gereiste Katze

Im Februar 1984 brach der kanadische Kater Hamlet nach dem Start vom Flughafen Toronto aus seinem Käfig aus und verbarg sich unbemerkt hinter einer Verkleidung.

Bis zu seiner Entdeckung verbrachte er sieben Wochen in dem Flugzeug, das in dieser Zeit laut Bordbuch fast eine Million Kilometer zurücklegte, was einer vierundzwanzigfachen Erdumrundung entspricht.

Das teuerste Katzenbild

1941 porträtierte Pablo Picasso seine damalige Geliebte auf dem Bild *Dora Maar mit Katze*. Es zeigt eine schwarze Katze, die auf der Lehne eines Holzstuhles balanciert. Auf dem Stuhl sitzt Dora Maar mit übereinandergeschlagenen Beinen. Es ist zu vermuten, dass die Katze zu Picassos Haushalt gehörte. Im Mai 2006 wurde das Bild vom Auktionshaus Sotheby's versteigert – zum Preis von 95,2 Millionen Dollar.

Der lauteste Schnurrer

In London lebt der schwarzweiße Kater Merlin. Er soll ein lieber Kerl sein, aber dass er einen sanft in den Schlaf schnurrt, davon kann keine Rede sein. Er schnurrt nämlich bis zu einer Lautstärke von 100 Dezibel – lauter als ein Motorrad, das in zehn Meter Entfernung vorbeifährt.

Wer waren die Vorfahren unserer Hauskatze?

Fischfressende Säugetiere (Creodonten), die in den Sumpfgebieten der Urwälder überlebten, gab es bereits vor 70 Millionen Jahren. Aus ihnen gingen vor etwa 60 Millionen Jahren die Miaciden hervor, das waren fleischfressende, klettergewandte Säuger, gewissermaßen die »Urform« aller noch lebenden Raubtierfamilien. Vor 40 Millionen Jahren trennten sich die katzenartigen (Feloidea) von den hundeartigen (Canoidea) Raubtieren. Mit dem Pseudaelurus tauchte vor gut 20 Millionen Jahren eine Spezies auf, die den heutigen Katzen schon sehr ähnlich sah. Wie unsere Katzen ging er auf den Zehenspitzen und besaß flexible Schulterblätter. Vor mehr als 12 Millionen Jahren entstand die Felis lunensis, eine Katze mit streifengezeichnetem, dickem Fell, die jeder Laie mit der heutigen europäischen Wildkatze verwechseln würde. Der »Großvater« unserer Hauskatze, die Wildkatze (Felis silvestris), entwickelt sich vor 7 Millionen Jahren als eigene Art aus der Unterfamilie der Kleinkatzen (Felinae). Vor mehr als 10 000 Jahren betrat mit der afrikanischen Falbkatze (Felis silvestris lybica) eine Katze die Welt, aus deren Domestikation ab etwa 7500 v. Chr. in Ägypten schließlich unsere Hauskatze hervorging.

Englische Katzenhalter und ihre Katzen

Vor fünf Jahren veröffentlichte der britische Katzenschutzbund Cats Protection eine repräsentative Umfrage zu den Beziehungen zwischen den Katzenhaltern und ihren Tieren – mit wirklich erstaunlichen Ergebnissen:

76% der englischen Katzenhalter beschenken ihre Katzen zu Weihnachten.
76% sind der Überzeugung, dass sie von ihren Katzen verstanden werden.
72% wenden sich mit ihren Sorgen und Nöten vertrauensvoll an ihre feliden Mitbewohner.

59% geben mehr Geld für ihre Katzen als für Freunde aus.

55% bringen ihrer Katze zum Trost Geschenke mit, wenn diese erkrankt war.

54% der männlichen Katzenhalter sind notfalls bereit, ihren Urlaub für die Katze zu opfern, bei den Frauen waren es 53%.

45% der weiblichen Befragten würden umziehen, um ihre Katze behalten zu können, 32% der Männer sehen es ebenso.

41% verorten ihre Katzen in den Top Ten ihrer wichtigsten Beziehungen, 28% sogar in den Top Five.

40% der Frauen würden für ihre Katze sogar den Partner verlassen, bei den Männern waren »nur« 28% dazu bereit.

Wie gut ist das Gehör der Katzen?

Kurz gesagt: unvorstellbar gut. Deshalb waren Menschen schon immer vom Gehör der Katze fasziniert. Die Autorin Ella Maillart hatte bei ihrer Katze den Eindruck, »als könnte sie nichts sehen, ohne die Ohren zu benutzen«. Und der französische Autor Jean-Louis Hue schrieb über die Ohren der Katze: »Sie erfassen die Töne wie die Hand einen Gegenstand.«

Schon die äußere Form dieses Sinnesorgans, die Ohrmuschel, ist erstaunlich: Jede wird unabhängig voneinander von fünfzehn Muskeln gesteuert. Die Ohrmuscheln leisten der Katze bei ihrem permanenten Abhören der Umgebung wertvolle Dienste. Mit ihrer Hilfe kann sie jede Tonquelle exakt orten und die Entfernung zu ihr genau bestimmen. Selbst im Schlaf ruht das Ohr nicht. Uninteressante Geräusche, auch wenn sie noch so laut sind, werden wie im Wachzustand zwar gehört, aber aus der Wahrnehmung ausgeblendet. Doch das noch so leise Trippeln einer Maus, das vorsichtige Aufziehen der Kühlschranktür oder andere verheißungsvolle oder beunruhigende Töne führen dazu, dass die Katze binnen Bruchteilen einer Sekunde hellwach und angriffs-, jagd- oder verteidigungsbereit ist. Die Katzenohren sind vierundzwanzig Stunden wachsam. Vermutlich ist dies der Grund für die nur sehr kurzen Tiefschlafphasen der Katze, und führt dazu, dass sie zum Ausgleich so viel Zeit zur Ruhe braucht.

Im anatomischen Aufbau unterscheidet sich das Ohr der Katze kaum von dem des Menschen und von anderen Säugetieren. Über die Ohrmuscheln erreichen die Schallwellen den Gehörgang, anschließend das Trommelfell, das sie an die Gehörknöchelchen weiterleitet. Die dort umgesetzten Schwingungen gelangen nun zum Innenohr, dem eigentlichen Hörorgan, das die Schallwellen in elektrische Impulse umwandelt und über den Gehörnerv an das Gehirn weiterleitet. Erst dort entsteht zusammen mit den anderen Sinneseindrücken die Wirklichkeitswahrnehmung der Katze.

Trotzdem liegen Welten zwischen dem Gehör der Katze und dem des Menschen. Während Menschen auf dem Höhepunkt ihrer Hörfähigkeit höchstens 20 000 Schwingungen (Hertz) pro Sekunde registrieren können – Hunde bringen es bis auf die doppelte Anzahl –, umfasst die Hörleistung der Katze Töne vermutlich bis zu 80 000 Hertz. Diese Wahrnehmungsfähigkeit hoher Frequenzbereiche ist nicht zufällig, auf ihr verständigen sich Mäuse.

So ausgestattet kann die Katze noch in einer Entfernung von 20 Metern zwei Geräusche genau orten, die nur 40 Zentimeter auseinanderliegen. Sie ist in der Lage, zwei verschiedene Geräusche exakt anzupeilen, die zwar aus der gleichen Richtung, aber aus unterschiedlichen Entfernungen stammen. In einem Radius von 15 Metern entgeht ihr nicht das leiseste Geräusch einer Maus. Die Entfernungsmessung zu einer Geräuschquelle und deren Ortung ist so genau, dass selbst blinde Katzen Mäuse, Fliegen und sogar Spinnen fangen können.

Berühmte Katzen

Blanche Theodor Fontane (1819-1898) wurde während des Deutsch-Französischen Krieges im Oktober 1870 auf einer Reise durch Frankreich der Spionage verdächtigt und verhaftet. Im Gefängnis erschrak er eines Nachts: »Plötzlich stutzte ich, als ich von der Tür her zwei feurige Punkte auf mich gerichtet sah. Ich erschrak, aber nur, um im nächsten Momente mich desto freier zu fühlen. Eine prächtige Katze hatte ihren halben Körper durch die Türlinse geschoben und folgte unter leisem Spinnen [Schnurren], mit dem Ausdruck der Verwunderung, meinem endlosen Auf und Ab. Der Anblick meines liebsten Freundes hätte mir nicht so viel Trost gegeben.«

In einem anderen Gefängnis lernte er die weiße Katze Blanche kennen, die sich in seiner Zelle einrichtete und mit ihm freundschaftliche Bande knüpfte. In seinem Reisebuch *Kriegsgefangen* beschreibt Fontane ihre Kapriolen: »Sie ist ganz Spielzeug, und ich habe es längst aufgegeben, Ernsteres von ihr zu erwarten. Sie ist mir Schauspiel, Augenweide, Zirkusschönheit, im Hoch- und Weitsprung gleich ausgezeichnet, und den Tag über an der Klingelschnur zu Hause. Sie unterhält mich durch die wunderbarsten Kapriolen.«

Grinsekatze Eine der berühmtesten Katzen überhaupt ist die Cheshire-Katze, die philosophisch beschlagene Grinsekatze aus *Alice im Wunderland* von Lewis Carroll (1832-1898). Zwischen ihr und Alice entwickelt sich in einem Waldstück, als Alice die Katze um Rat fragt, dieser bemerkenswerte Dialog:
»Würdest du mir bitte sagen, wie ich von hier aus weitergehen soll?«
»Das hängt zum großen Teil davon ab, wohin du möchtest«, sagte die Katze.
»Ach, wohin ist mir eigentlich gleich . . .«, sagte Alice.
»Dann ist es auch egal, wie du weitergehst«, sagte die Katze.
». . . solange ich nur irgendwo hinkomme«, fügte Alice zur Erklärung hinzu.
»Das kommst du bestimmt«, sagte die Katze, »wenn du nur lange genug weiterläufst.«

Hamilkar, der Kater des Schriftstellers Anatole France (1844-1924), bewahrte dessen Bücher und Manuskripte vor Mäusefraß. Der Literaturnobelpreisträger setzte seinem Kater dafür aus Dankbarkeit dieses literarische Denkmal: »Hamilkar, Hamilkar, schlafsüchtiger Fürst der Bücherburg, nächtlicher Wächter! Gleich der göttlichen Katze, die in Heliopolis zur Nacht des großen Kampfes gegen die Gottlosen stritt, verteidigst du die Bücher, die der alte Weise für den Preis einer bescheidenen Barschaft und eines nimmermüden Eifers erwarb, wider die häßlichen Nager. ... Denn du vereinst in deiner Person den furchtbaren Anblick eines tartarischen Kriegers mit der lässigen Grazie einer orientalischen Frau. Schlummere, heroischer und wollüstiger Hamilkar, in Erwartung der Stunde, da die Mäuse im Mondstrahl tanzen ...«

Hodge lebte bei dem britischen Gelehrten Samuel Johnson (1709-1784). Dessen Biograph James Boswell erinnerte sich sehr gut an den Kater: »In diesem Zusammenhang darf nicht übergangen werden, wie tierlieb Johnson war. Es wird mir unvergesslich bleiben, was er sich von Hodge, seinem Kater, alles gefallen ließ, für den er selber Austern holen ging, weil er befürchtete, falls er seinen Diener damit betraute, könnte dieser eine Abneigung gegen das arme Tier fassen.« Nun darf man nicht annehmen, Johnson hätte im Luxus geschwelgt und seinen Kater verwöhnt. Im 18. Jahrhundert wuchsen Austern in großen Mengen an der Küste Englands. Sie wurden so preiswert verkauft, dass sie für die Armen ein Hauptnahrungsmittel waren. Johnsons Diener wäre vermutlich entsetzt gewesen, hätte er das Billigfutter für den Kater besorgen müssen. Boswell selbst konnte Katzen nicht ausstehen: »Ich muss gestehen, dass mir die Anwesenheit des obengenannten Hodge oft recht lästig war.« Ihn störte wohl auch, wie vertraulich Samuel Johnson mit seinem Kater umging: »Ich erinnere mich, wie Hodge sich eines Tages mit augenscheinlich großer Wonne in Dr. Johnsons Brust verkrallte und ihm mein Freund, lächelnd und leise pfeifend, den Rücken kraulte, ihn am Schwanz zog und auf meine Bemerkung, es sei ein feiner Kater, erwiderte: ›Ei, gewiss, Sir, aber ich habe Katzen gehabt, die ich lieber mochte‹, und als spüre er, dass Hodge ihm diese Bemerkung übelnehme, hinzufügte: ›Doch, doch er ist ein feiner Kater, wirklich ein sehr feiner Kater.‹«

Humphrey (1988-2006) war Englands Kultkater. Er lebte von 1989 bis 1997 als Untermieter in Londons bekanntester Adresse: Downing Street No. 10. Der schwarzweiße Streuner tauchte im Alter von etwa einem Jahr während der Regierungszeit Margaret Thatchers im Amtssitz der Premierministerin auf – und blieb. Humphrey stand auch Thatchers Nachfolger John Major mit Rat und Trost zur Seite. Kurz nach der Amtsübernahme von Tony Blair wurde Humphrey in Pension geschickt, an einen geheimen Ort in der Londoner Vorstadt. Als offizielle Begründung galt ein Nierenleiden. Unter der Hand munkelte man, Blairs Gattin Cherie hasse Katzen. Humphreys Exilierung löste eine mittelschwere Staatskrise aus, die in allen Medien kontrovers diskutiert wurde. Ein Journalist konterte die Mitteilung von Humphreys Umzug mit der Frage: »Ist es vielleicht ein Friedhof?« Der für seine Exzentrik bekannte Tory-Abgeordnete Alan Clark vermutete in einer Zeitungskolumne, Humphrey sei wahrscheinlich »auf der Flucht erschossen worden«. Er kommentierte die offizielle Version seiner Pensionierung mit den Worten: »Ich glaube das erst, wenn ich Fotos in seiner neuen, ländlichen Umgebung sehe. Bis dahin ist Humphrey für mich eine vermisste Person. Was hat eigentlich amnesty international dazu zu sagen?« Daraufhin ließen Blairs PR-Strategen den Kater unter strikter Geheimhaltung an seinem neuen Wohnort auf tagesaktuellen Zeitungen fotografieren. Am 20. März 2006 verkündete ein Sprecher Tony Blairs den Tod des Katers, zahlreiche Medien veröffentlichten Nachrufe – die *Times* unter der Schlagzeile: »Die politische Welt trauert um einen Killer namens Humphrey«. Sogar der *Spiegel* brachte die Meldung (mit Foto) unter der Rubrik »Gestorben«, in der nur selten der Tod eines Tieres vermeldet wird.

Kaspar (*1926) heißt der Kater des Savoy Hotels in London. Er kommt immer dann zum Einsatz, wenn sich eine Abendgesellschaft mit 13 Personen zum Dinner angemeldet hat. Da die 13 auch in England als Unglückszahl gilt, nimmt Kaspar – mit weißer Serviette um den Hals – als 14. Gast an der Abendmahlzeit teil und wird auch bedient. Kaspar ist übrigens ein ausgesprochen schöner, schwarzer Kater mit konstant anständigen Tischmanieren, fast einen Meter groß und aus Holz. Sir Winston Churchill war so angetan von Kaspar, dass er ihn zum ständigen Mitglied des von ihm begründeten The Other Club, einer politischen Abendgesellschaft, ernannte. Heute nimmt er an deren Treffen aber nur noch teil, wenn tatsächlich genau dreizehn Mitglieder anwesend sind.

Kolumbus († 1962) hieß der Kater der Ostberliner Schriftstellerin Christa Reinig, die seinetwegen 1961 eine kurze, aber folgenschwere Fahrt von West- nach Ostberlin unternommen hat. »An einem schönen Sonnabend war ich zu Freunden nach Westberlin gefahren und hatte bei ihnen übernachtet. Am anderen Morgen erfuhren wir, dass

Ostberlin von der Außenwelt hermetisch abgeschlossen war. Niemand durfte mehr heraus. Ich schlug alle Bitten, Mahnungen, Warnungen, alle Einladungen und Hilfeangebote in den Wind und sagte: ›Ich muss Kolumbus füttern‹, ging in den Osten zurück und ließ mich einmauern.« Kolumbus starb ein halbes Jahr später. In ihrem Bericht *Ein Denkmal für Kolumbus* schrieb Christa Reinig weiter: »Ich rollte ihn zusammen, so dass er in einen Koffer passen konnte. Am andern Morgen wollte ich ihn beisetzen. Ich ging in einen Park, grub einen Tunnel unter die Monumentalplastik, die Herakles und der Löwe heißt, und setzte ihn bei. So bekam er das größte Katzendenkmal der Welt.«

Mitsou hat aus dem Grafen Balthazar Klossowski de Rola einen weltberühmten Maler gemacht. Die Mutter des Grafen wurde 1919 in Genf Rainer Maria Rilkes Geliebte. Rilke war es auch, der das künstlerische Talent des Jungen erkannte und ihm den Künstlernamen Balthus gab. Zu dieser Zeit lebte Balthus mit einer Katze zusammen, die Mitsou hieß. Er hatte die kleine Streunerin auf einem Tagesausflug im Schloßgarten von Nyon entdeckt und mitnehmen dürfen. Mitsou war sehr anhänglich, andererseits aber so freiheitsliebend, wie die meisten Katzen nun einmal sind. Kurz gesagt: Eines Tages verschwand die Katze und tauchte nicht mehr auf. Balthus verarbeitete seinen Verlust- und Trennungsschmerz, indem er auf vierzig fast quadratischen Zeichnungen mit schwarzer Tusche die gemeinsame Zeit mit Mitsou im Stil einer Bildergeschichte erzählte. In seinen Erinnerungen blickte Balthus noch einmal auf diese Zeit zurück: »Mitsous Geschichte zu malen war also eine Art, diese Freundschaft für die Ewigkeit zu bewahren, eine Möglichkeit, den Augenblick festzuhalten.« 1921 wurde diese Geschichte auf Drängen von Rilke und mit einem Vorwort von ihm veröffentlicht und begründete Balthus' Laufbahn. Der Künstler lebte sein ganzes Leben lang mit Katzen zusammen; zuletzt tummelten sich fast dreißig auf seinem prächtigen Anwesen in Rossinière. Er hat viele Katzen gezeichnet und gemalt, aber die schnörkellose Einfachheit seiner vierzig Tuschezeichnungen bleibt unerreicht. *Mitsou*, das Werk eines 13-Jährigen, wird immer eines der schönsten Bücher der Katzenweltliteratur bleiben.

Mysouff war der Kater von Alexandre Dumas (1802-1870), und er hatte eine sehr seltene Angewohnheit, die der französische Schriftsteller in seinem Buch *Die Geschichte meiner Tiere* beschrieben hat: »Wir wohnten in der Rue de l'Ouest mit einem Kater namens Mysouff. Das Tier hatte eindeutig seine Bestimmung verfehlt, es hätte auch als Hund geboren werden können. Ich verließ unser Haus jeden Morgen pünktlich um halb zehn – ich brauchte eine halbe Stunde von der Rue de l'Ouest zu meinem Büro in der Rue Saint-Honoré 216 – und kehrte um halb sechs zurück. Jeden Morgen begleitete mich Mysouff bis zur Rue de Vaugirard, und abends erwartete er mich dort an derselben Stelle.« Erstaunt war Alexandre Dumas allerdings darüber, dass Mysouff an den Abenden nicht zur Rue de Vaugirard aufbrach, an denen der Dichter durch Termine oder Einladungen verhindert war, pünktlich heimzukehren. Denn obwohl die Tür auch dann wie üblich für ihn geöffnet wurde, weigerte er sich, das Haus zu verlassen, und blieb stattdessen gemütlich auf seinem Kissen liegen. Als Alexandre Dumas Jahre nach Mysouffs Tod einmal von einer längeren Reise zurückkehrte, fand er zu seinem Erstaunen auf dem Sofa beim Kamin eine schwarzweiße Katze vor. Er rief nach seiner Köchin, die ihm erklärte, sie habe das kleine Kätzchen im Keller gefunden. Und er selbst hätte einmal gesagt, sie müssten eine Katze haben. Dumas bestritt zwar diese Äußerung, aber die Katze blieb und erhielt den Namen Mysouff II. Das Zusammenleben ging auch so lange gut, bis es Mysouff II. gelang, mit Hilfe von drei Affen in die Voliere einzudringen, in der Dumas seine seltenen Vögel hielt. Für die Affen war es wohl eher ein lustiger Spaß. Mysouff II. dagegen ließ sich die Gelegenheit zu einem exquisiten Frühstück nicht entgehen. Er frühstückte für etwa 500 Francs, eine für die damalige Zeit erkleckliche Summe. Alexandre schickte nach ein paar Freunden und stellte Mysouff II. vor das spontan einberufene Privatgericht, das nach kurzer Beratung zu folgendem Ergebnis kam: Mysouff II. wurde zu fünf Jahren Haft im Affenkäfig verurteilt. Ob das Urteil jemals vollstreckt wurde, ist nicht überliefert.

Oscar († 1955) zählt mit Fug und Recht zu den berühmten Schiffskatzen der Geschichte. Der schwarze Kater mit dem weißen Kragen startete seine Karriere auf See im Zweiten Weltkrieg auf dem Schlachtschiff Bismarck. Als die Bismarck am 26. Mai 1941 nach einer Schlacht im Atlantik mit über 2000 Mann Besatzung gesunken war, begann sein abenteuerlicher, mehrfacher Arbeitsplatzwechsel. Wenige Stunden nach dem Untergang des deutschen Schlachtschiffes kreuzt der britische Zerstörer HMS Cossack die Unglücksstelle. »Da entdeckt einer der Seeleute zwischen den Trümmern und Leichen eine auf dem Brett schwimmende Katze. Der Zerstörer stoppt, und man holt das vor Kälte zitternde, triefend nasse Tier an Bord«, berichtet Janusz Piekalkiewicz in seinem Buch *Seekrieg*. Doch bald sollte es auch die HMS Cossack treffen. Das deutsche U-Boot U 563 torpediert am 23. Oktober 1941 in der Nähe von Gibraltar den Zerstörer. Die wenigen Überlebenden (unter ihnen Oscar) werden bald darauf von der HMS Legion geborgen und in Gibraltar an Land gebracht. Dort liegt im Hafen der Flugzeugträger HMS Ark Royal, der dringend eine Schiffskatze zur Unterstützung im internen Krieg gegen die Nager benötigt. Da kommt Oscar wie gerufen. Am 13. November 1941 wird der riesige Flugzeugträger bei Malta von dem deutschen U-Boot U 81 torpediert. Mehrere britische Kriegsschiffe sind schnell zur Stelle und können die Mannschaft des Flugzeugträgers bergen, ja, man hofft sogar, das ganze Schiff retten zu können. Doch am folgenden Tag heißt es: »She's gone.« Zufällig entdeckt ein Motorboot in den Trümmern des Untergangs »eine sich an ein Stück Holz klammernde Schiffskatze, verärgert, aber ansonsten unversehrt«, wie William Jameson in seiner Biographie des Flugzeugträgers erwähnt. Es handelt sich dabei natürlich um Oscar, der damit bereits seinen dritten Schiffsuntergang innerhalb von knapp sechs Monaten erlebt und überlebt hat. Wieder wird Oscar nach Gibraltar gebracht – aber sein Ruf eilt ihm jetzt voraus. Kein Kapitän will den Kater an Bord nehmen, seine kurze Karriere als Schiffskatze findet ein jähes Ende. Nach einem kurzen Aufenthalt im Palast des Gouverneurs tritt Oscar seine letzte Schiffreise an, die ihn nach Belfast bringt, in das Home for Sailors. In dem Seemannsheim lebt er bis zu seinem Tod im Jahr 1955.

Oscar (* 2005) kam im Alter von sechs Monaten ins Steere House Nursing and Rehabilitation Center in Providence (Rhode Island), um dort die therapeutische Behandlung der Patienten zu unterstützen. Ein halbes Jahr später konzentrierte sich Oscar eigenwillig darauf, im dritten Stock des Pflege- und Rehabilitationszentrums auf unerwartete Weise seinen Dienst zu verrichten. Auf dieser Etage liegen die unheilbar Kranken, die Sterbefälle der Klinik. Der graugetigert-weiße Oscar streift seitdem jeden Tag wie zur Visite durch alle Zimmer seiner Etage und scheint – so berichtet das Pflegepersonal – an den Bettlägerigen zu schnüffeln. Wenn er dann zu ihnen aufs Bett springt und sich dort schnurrend einrollt, dann benachrichtigt das Personal die Angehörigen. Denn in aller Regel sterben diese Patienten innerhalb weniger Stunden. Die meisten dieser Patienten sind nach Angaben der behandelnden Ärzte übrigens nicht mehr in der Lage, die Anwesenheit des Katers noch registrieren zu können.

In der ganzen Klinik wohnen und arbeiten insgesamt sechs Katzen, aber nur Oscar fühlt sich zu den Sterbenden hingezogen. Auffällig ist ferner, dass er anderen Patienten und auch dem Pflegepersonal gegenüber sehr reserviert ist. Dr. David M. Dosa ist Professor und Spezialist für Geriatrie am Klinikum der Brown University in Providence und hat sich eingehend mit dem Phänomen Oscar beschäftigt. Am 26. Juli 2007 hat er die Ergebnisse seiner Untersuchungen im renommierten New England Journal of Medicine veröffentlicht. Kurz darauf wurde auf der ganzen

Welt über Oscar berichtet. Eine wissenschaftliche Erklärung für dieses Phänomen ist jedoch noch nicht gefunden worden.

Kater Paul (1993-2011) in diese Reihe illustrer Katzenpersönlichkeiten zu stellen war kein einfacher Entschluss. Es lässt sich ja nicht verheimlichen, dass ich, also der Autor dieses Buches, etwa vierzehn Jahre mit ihm zusammenleben durfte. Ich habe mich dennoch dazu entschieden, weil Kater Paul nun einmal als Pionier der feliden digitalen Boheme gelten muss. Nachdem ich am 2. Februar 2010 einen eigenen Facebook-Account für ihn eingerichtet hatte, erlangte Kater Paul vor allem im deutschsprachigen Netz einen ansehnlichen Bekanntheitsgrad. Er erreichte dort bald die höchstmögliche Anzahl von 5000 Freunden. Am 11. April 2010 startete dann sein Blog. (Der am 29. April 2013 auf über 150 000 Seitenaufrufe zurückblicken konnte.) Schließlich erschien im März 2011 mit *Kater Paul – Das Facebook-Tagebuch* eine Auswahl seiner skurrilsten Facebook-Postings mit Kommentaren von Freunden in Buchform. Dies war bis dahin keinem anderen Tier und auch keinem Menschen vergönnt. Kater Paul brachte es wohl deshalb auch zu einem Eintrag auf Wikipedia.

Rusik († 2003) arbeitete für die russische Polizei am Kaspischen Meer. Der Kater hatte einen so ausgeprägten Geruchssinn, dass er zur Jagd auf Kaviar-Schmuggler eingesetzt wurde, die illegalen Fischfang in großem Stil betrieben, indem sie versuchten, das wertvolle Luxusgut ins Landesinnere zu schaffen. Dieses lukrative Geschäft war

fest in der Hand der russischen Mafia. Rusik war unbe-
stechlich und so erfolgreich bei seiner Fahndung nach
Kaviar, dass er sogar einem deutschen Schäferhund, der
eigens zu diesem Zweck importiert worden war, den Job
streitig machte. Der Hund wurde in den Ruhestand versetzt. Doch im Juli 2003 – Rusik hatte gerade sein einjäh-
riges Dienstjubiläum feiern können – schlug die Mafia
zurück. Bei der Routinekontrolle eines verdächtigen Last-
wagens, den Rusik soeben überprüfen wollte, fuhr der Wa-
gen plötzlich an und tötete den Kater mit seinen breiten
Reifen. Die russische Polizei sprach offen von einem Auf-
tragsmord der Mafia, konnte dies dem Fahrer aber nicht
nachweisen, der sich mit einem »bedauerlichen Unfall«
herausredete. Der Fall konnte nicht aufgeklärt werden.
Ein Foto, das nach seinem Tod um die Welt ging, zeigt das
Porträt des Katers mit einem roten Halsband, an dem eine
silberne Dienstmarke hängt. Insofern hat Jean Cocteau
nur bedingt mit seiner berühmten Bemerkung recht, wonach sich die Überlegenheit der Katze über den Hund
darin zeige, dass es keine Polizeikatzen gebe.

Tomba (1988-1993) wurde im Berghotel Schwarenbach in
den Walliser Alpen knapp 2100 Meter über dem Meeres-
spiegel geboren. Der bräunlich getigerte Kater mit weißem
Latz machte sich schon nach wenigen Monaten auf, die
Hügel und Berge seiner näheren Umgebung zu erkunden,
und im Alter von nur zehn Monaten begleitete er drei Bergsteiger auf den Gipfel des Rinderhorns (3453 Meter). Nur
ein paar Tage später erkletterte er mit anderen Alpinisten
den Gipfel des Balmhorns (3709 Meter). Von da an erkun-
dete Tomba mit vielen Alpinisten die Bergwelt der nähe-

ren Umgebung. Manchmal kehrte er bei guter Wetterlage nach einem Gipfelsturm nicht einmal ins Berghotel zurück. Vielmehr wartete er am Gletscherrand bei der Anseilstelle auf die nächsten Bergsteiger. Einige seiner Gipfelstürme sind sogar fotografisch dokumentiert.

Der damalige Inhaber des Hotels, Peter Stoller, berichtet eine unglaublich klingende Geschichte, die sich jedoch tatsächlich zugetragen hat. Als Tomba mit einem jungen Ehepaar unterwegs auf dem Weg zum Gipfel war, weigerte er sich plötzlich, weiterzugehen und verschwand hinter einem großen Felsen. Die beiden Alpinisten folgten ihm verwundert und glaubten, er hätte etwas entdeckt. In diesem Moment löste sich eine Lawine und donnerte über ihre Aufstiegsspur. Die dankbaren Hochgebirgler kamen mit dem Schrecken davon. Spätestens nach diesem Ereignis verbreitete sich Tombas Ruhm auf der ganzen Welt. In Japan, Südafrika und Amerika erschienen Berichte über den bergsteigenden Kater, europäische Illustrierte veröffentlichten Bildgeschichten, und das Schweizer Fernsehen drehte eine Reportage über ihn. Tomba wurde nur viereinhalb Jahre alt. Auf dem Höhepunkt seiner Popularität musste er, unheilbar erkrankt, am 17. Januar 1993 eingeschläfert werden.

Tonto zählt zu den berühmtesten Katzen der Filmgeschichte. An der Seite von Art Carney spielte er die felide Hauptrolle in dem Road-Movie *Harry & Tonto* von Paul Mazursky. Art Carney wurde für die männliche Hauptrolle 1974 mit dem Oscar ausgezeichnet. Die Handlung des Films ist schnell erzählt. Harry ist Rentner und muss mit dem rotgestromten Kater Tonto seine New Yorker Wohnung räumen, weil das Mietshaus, in dem er wohnt, abgerissen wird. Er beschließt, seine Kinder zu besuchen und macht sich mit Tonto auf den Weg von der Ost- zur Westküste, zuerst per Bus, dann mit einem Mietwagen. Dabei erleben Harry und Tonto allerlei abenteuerliche und alltägliche Geschichten. Als der Kater zum Schluss des Films stirbt, bleibt Harry allein, aber mit der Hoffnung zurück, dass das Alter nicht in auswegloser Einsamkeit enden muss.

Der Regisseur Paul Mazursky hat nach eigenen Angaben lange Zeit mit Katzen zusammengelebt und sich über die Dreharbeiten zu Harry & Tonto ausführlich geäußert. So erzählte Mazursky, dass Art Carney Katzen eigentlich hasste. »Genau deshalb spielte Art seine Rolle ohne jegliche Sentimentalität. Und die Katze mochte ihn, mehr und mehr, eigentlich hätte Tonto den Oscar gewinnen müssen«, ohne damit die schauspielerisch beeindruckende Leistung von Art Carney herabwürdigen zu wollen. Mit zwei Tricks wurde Tonto (fast) immer in die richtige Position gebracht. Zum einen wurde seine Schwäche für Leber ausgenutzt. In einer Szene sollte Harry auf einem Stuhl sitzend den Kater ganz beiläufig am Kopf kraulen. Also hat man diesen Stuhl mit kleinen Leberstückchen präpariert und Tonto so angelockt. Außerdem war der Kater verrückt nach einem kleinen, roten Spielzeug, dem er sofort hinterhersprang. Dies wurde beispielsweise für eine Szene in einem Motel auf dem Bett eingesetzt. Zum Schluss des Films, als Tonto stirbt, musste man sich allerdings medizinischer Hilfe bedienen. Der Kater bekam eine Betäubungsspritze. Das äußerst agile Tier wäre sonst wohl kaum so ruhig liegengeblieben. Diese unspektakulär leisen Aufnahmen sind in der Sparsamkeit ihrer Worte und Bilder sehr anrührend.

Mazursky hat berichtet, dass vor allem das japanische Publikum überraschend emotional reagiert hat: »Als wir den Film in Tokio zeigten, weinten die Menschen in dieser Szene so laut, dass man nichts anderes mehr hören konnte. Japaner lieben Katzen, und sie liebten diesen Film.«

Was ist ein Karpalorgan?

Die Unterseite der Katzenpfote besteht aus fünf Zehenballen und einem Sohlenballen. Oberhalb des Sohlenballens sitzt der kleinere Karpalballen, der beim Laufen den Boden nicht berührt. Wie in den Zehen- und Sohlenballen befinden sich auch in der Haut der Karpalballen zahlreiche Schweißdrüsen, deren Sekret unter anderem als Duftsignal dient. Über den Karpalballen, die sich nur an den Vorderläufen befinden, entspringen drei bis sechs extrem berührungsempfindliche Haare, die sogenannten Sinushaare. Sie sind den Schnurrhaaren (Vibrissen) der Katze vergleichbar und fungieren als zusätzliche Schwingungsrezeptoren. Man nennt sie deshalb auch Karpalvibrissen. Neben den Haarfollikeln, den eigentlichen »Produktionsstätten« der Haare in der Haut, befinden sich zudem einige Duftdrüsen, deren Sekret insbesondere beim Klettern auf dem Untergrund verteilt wird. Karpalvibrissen und Haarfollikel bilden zusammen das Karpalorgan, das vornehmlich beim Klettern seine Wirkung als Tastorgan entfaltet. Wer einmal beobachtet hat, mit welcher Schnelligkeit und artistischen Eleganz sich eine Katze beim Klettern bewegt, kann die Bedeutung dieses Tastorgans für die Katzen ermessen.

Wie erging es der Katze im Wilden Westen?

Der *Encyclopedia Americana* kann man entnehmen, dass die Quellenlage zum Thema »Katzen im Wilden Westen« nicht besonders ergiebig ist: »Dem Einfluss der Hauskatze auf die amerikanische Zivilisation ist weniger Beachtung geschenkt worden, als er verdient hätte. Die Besiedlung der weiten Waldgebiete und Prärien war nur dank dieses Tiers möglich. Wie viel Speisen die Katzen retteten, wie viel Besitz sie vor Zerstörung schützten, was für Schädlingsplagen sie in Schach hielten seit der Zeit, da Amerika besiedelt wurde: es lässt sich nicht aufzählen!«

Doch zum Glück existiert das Tagebuch eines Angestellten der Missouri Fur Company. Dieser Pelzhandel wurde 1809 in St. Louis im US-Staat Missouri gegründet, wo der Missouri in den Mississippi fließt. Einer der Inhaber des Unternehmens war Manuel Lisa. Im Mai 1812 brach er mit einigen Mitarbeitern von Bellefontaine bei St. Louis zu einer Handelsreise auf, die ihn über eintausend Kilometer nordwestlich bis nach Nebraska führte. Manuel Lisa war der erste bekannte Siedler in Nebraska, und aus der von ihm gegründete Handelsstation entwickelte sich bald eine prosperierende Stadt, die heutige Hauptstadt Nebraskas Omaha.

In dem Tagebuch findet sich folgender Eintrag: »Heute Morgen verloren wir unsere alte Katze im Lager. Wir waren bereits aufgebrochen, als ich ihr Fehlen bemerkte. Manuel Lisa schickte einen Mann zurück, die Katze zu suchen. Erst am Abend kam er mit ihr nach.« Es war kein ganz ungefährlicher Auftrag, den der Mann da erhalten hatte. Die Pelzhändler ritten durch ein Gebiet, in dem sich die Sioux mit den Iowa-Indianern blutige Scharmützel lieferten. Ein einzelner Weißer war eine leichte Beute für die bewaffneten Stämme. Manuel Lisa ging das Risiko trotzdem ein, denn die Katze war sehr wertvoll: »Die Aufzeichnung dieser Begebenheit könnte lächerlich erscheinen, wenn in diesem Land nicht eine Katze mehr wert wäre als ein gutes Pferd. Es gibt unzählige Mäuse, und mangels Katzen hat die Company in Gros Ventres [einem Indianergebiet an der kanadischen Grenze] mehrere Tausend Dollar Verlust gehabt, weil Waren zerstört wurden. Seit unserer Abreise von Bellefontaine erlebte ich es jede Nacht, dass die Katze zwischen vier und zehn Mäuse gefangen und ihren Jungen gebracht hatte.« Hier erwähnt der Tagebuchschreiber alle Gründe, die Manuel Lisa bewogen haben, die Katze nicht zurückzulassen: ihr Handelswert, der Schutz wertvoller Warenlager und Lebensmittel vor Mäusefraß und die Tatsache, dass die Katze Jungen hatte, die vermutlich auf der Handelsreise zur Welt gekommen waren. Auch diese Jungen stellten natürlich einen beträchtlichen Wert dar. Man darf also annehmen, dass es der Katze im Wilden Westen ziemlich gut ging.

Katzen und Päpste

Das Verhältnis der katholischen Kirche zur Katze darf, gelinde gesagt, als problematisch bezeichnet werden. Das hat handfeste historische Gründe. Dennoch hat es auch hier immer wieder bekennende Katzenfreunde gegeben. In der nunmehr fast zweitausendjährigen Geschichte des Papsttums hat es nur einige wenige Stellvertreter Christi gegeben, über deren Verhältnis zu Katzen wir einigermaßen informiert sind. Fünf von ihnen werden hier kurz vorgestellt.

Gregor I. (540-604, Pontifikat 590-604), auch Gregor der Große genannt, scheint ein Katzenfreund gewesen zu sein. Jedenfalls hat er ausdrücklich das Halten von Katzen in christlichen Klöstern befürwortet. Vielleicht geschah dies nicht aus wirklicher Zuneigung zu Katzen, sondern aus der weisen Einsicht, dass Katzen immer einen wesentlichen Beitrag zur Sicherung der Ernteerträge in den Klöstern geleistet und auch die wertvollen Klosterbibliotheken vor Mäusefraß bewahrt haben. Jedenfalls herrschte nach Gregor I. über ein halbes Jahrtausend eine, wenn auch immer wieder brüchige, so doch weitgehend friedliche Koexistenz zwischen Kirche und Katze.

Johannes XXII. (1245-1334, Pontifikat 1316-1334) war womöglich gar kein Katzenfeind. Über seine Beziehung zu Katzen ist nichts bekannt. Dennoch hat er gemeinsam mit seinem Zeitgenossen, dem Theologen Thomas von Aquin, entscheidenden Anteil daran, dass sich das Verhältnis der Kirche zur Katze dramatisch verschlechtern sollte. Thomas von Aquin erklärte im Unterschied zu früheren christlichen Anschauungen die Phantomgestalten eines heidnischen Irrglaubens, also Dämonen, Zauberer und Hexen, zu realen Wesen, die vom Teufel gelenkt eine beträchtliche Gefahr für den Glauben und das Leben der Gläubigen bedeuteten. Und Papst Johannes XXII. ordnete an, dass die Inquisition, die bis dahin ausschließlich mit der Verfolgung von Häretikern befasst war, nun auch Hexen aufspüren, verhören, foltern und im Falle eines Schuldspruches der staatlichen Gerichtsbarkeit übergeben sollte.

Der Katze wurde nun zum Verhängnis, dass sie als Mäusefängerin schon immer Zugang zu allen Räumen des Hauses hatte und somit ein wesentlich engeres Verhältnis zu Frauen als zu Männern pflegte. Das Haus war ja der hauptsächliche Wirkungsbereich der Frau. Die Nähe der Katze zur Frau und die ambivalente Beziehung der Kirche zur Katze, die ihrem eigenständigen Wesen immer mit Misstrauen begegnet war, sorgte dafür, dass sich aus der Sicht der Kirche das Frauentier zum Hexentier entwickelte und grausam verfolgt wurde.

Innozenz VIII. (1432-1492, Pontifikat 1484-1492) legitimierte die massenhafte Vernichtung von Katzen, indem er sie 1484 zu »heidnischen Tieren« erklärte, »die mit dem Teufel im Bunde stehen«, und verlängerte damit die Verfolgung und Verbrennung von Katzen im Rahmen der Hexenprozesse um ein paar Jahrhunderte.

Leo XII. (1760-1829, Pontifikat 1823-1829) war nur eine sechsjährige Amtszeit vergönnt. In dieser kurzen Zeit hat er es geschafft, sich sogar im Kirchenstaat verhasst zu machen. Als er 1823 zum Papst gewählt wurde, hatte man ihm noch zugejubelt. Aber dann führte er im Vatikan ein hartes Polizeiregiment ein, nutzte die innerkirchliche Inquisition zur Ausdehnung seiner Macht, verfolgte die Freimaurer und verschärfte die Ghettogesetze so sehr, dass viele Juden auswanderten. Andererseits lebte er im Gegensatz zu vielen Vorgängern sehr spartanisch, senkte die Steuern und versuchte, die Finanzen des Vatikan zu konsolidieren. Sein Kater Micetto war fast immer um ihn. Als Leo XII. 1829 starb, nahm der französische Diplomat und Schriftsteller François René Vicomte de Chateaubriand den Papstkater in sein Haus auf. Keine leichte Aufgabe, wie er selbst schrieb: »Ich versuche ihn das Exil, die Sixtinische Kapelle, die Sonne auf Michelangelos Kuppel vergessen zu lassen, wo er früher oft herumspaziert ist, hoch über dem Erdboden.«

Benedikt XVI. (*1927, Pontifikat 2005-2013) In seiner Zeit als Vorsitzender der Glaubenskongregation sorgte Kardinal Joseph Ratzinger dafür, dass Katzen aus dem Garten seines Amtssitzes nicht mehr vertrieben, sondern vielmehr eingelassen und geduldet wurden. Er fütterte sie sogar selbst und gab allen einen Namen. Die Schweizergardisten, die vorher streunende Katzen verscheuchen mussten, erhielten nun den Auftrag, die Katzen gewähren zu lassen. Denn Joseph Ratzinger suchte ihre Nähe, wenn er sich im Garten aufhielt.

Für große Überraschung sorgte die Information, dass Joseph Ratzinger nach dem Tod Papst Johannes Paul II. gehofft hatte, nach Deutschland zurückkehren zu können – um ein Buch über Katzen zu schreiben. Es sollten Geschichten über seine Erlebnisse mit den Katzen entstehen, die ihm in seinen bis dahin vierundzwanzig römischen Jahren Gesellschaft geleistet hatten. Dieses Vorhaben musste Joseph Ratzinger aufgeben, nachdem er am 19. April 2005 zum Papst gewählt worden war.

Die Zuneigung Joseph Ratzingers zu Katzen kann man auch daran ablesen, dass er eine Katzenskulptur aus Bronze von Christine Stadler erwarb und sie im Garten seines Privathauses in Pentling bei Augsburg aufstellen ließ.

Darf man Katzen essen?

Schon die Fragestellung wird viele Gemüter erhitzen, die Antworten vermutlich noch mehr. Dass der Verzehr von Katzen in weiten Teilen Südchinas sowie in Vietnam und Korea üblich (und erlaubt) ist, darf als allgemein bekannt vorausgesetzt werden. Als vor über einem Jahr durch die Weltpresse ging, dass der chinesische Milliardär Long Liyuan nach dem Genuss eines Katzen-Eintopfs verstorben war, wurde dieses unappetitliche Thema breit diskutiert. Nun liegen die genannten Länder weit weg, und langsam rührt sich auch dort der Widerstand gegen den Verzehr von Katzen und Hunden, deren Haltung als Haustier immer populärer wird. In unseren Breitengraden aber, werden die meisten nun denken, ist das überhaupt kein Thema. Weit gefehlt! Im Februar 2010 löste der in Italien sehr prominente TV-Koch Beppe Bigazzi einen handfesten Skandal aus, als er in der Sendung *Prova del cuoco (Die Kochprüfung)* ein Rezept mit Katzenfleisch vorstellte und dazu sagte, er habe diese Speise mehrfach probiert und sei begeistert von dem Ergebnis. Der Fernsehsender *Rai Uno* suspendierte den Fernsehkoch nach landesweiten Protesten zwar umgehend, aber das Berlusconi-Blatt *Il Giornale* diffamierte die Tierschützer daraufhin als »Friedensarmee, kämpferischer als ein Trupp CIA-Killer«. Und der Enologe und Weinpromoter Fausto Maculan sprang seinem Freund Bigazzi mit dieser Bemerkung bei: »Ich stehe zu Bigazzi und werde bei der ersten Gelegenheit Katzenfleisch essen. Ich bin überzeugt, dass es exquisit schmeckt.« In der venezianischen Sprache existiert sogar der Spottname *Mangiagatti (Katzenfresser)* für die Landsleute, bei denen heute noch Katzen im Kochtopf landen.

Selbst bei unseren Schweizer Nachbarn ist der Verzehr von Katzen ausdrücklich gestattet. Als im letzten Jahr durch die Presse ging, dass es beispielsweise in den ländlichen Regionen der Kantone Jura und Tessin immer noch üblich ist, Katzen zu essen, erkärte der Präsident des Schweizer Tierschutzverbandes Heinz Lienhard dem Online-Medium *Blick.ch*: »Es ist nicht verboten, sein eigenes Tier zu essen. Anders ist es beim Handel. Der Metzger darf dieses Fleisch nicht verkaufen.« Katzenesser verstoßen in der Schweiz also nicht gegen das Gesetz. Die Regierung in Bern ist vom Verein *Europäischer Tier- und Naturschutz* zwar aufgefordert worden, »zum Schutz von Katzen und Hunden endlich deren Verzehr zu verbieten«, sie ist dieser Aufforderung aber bis auf den heutigen Tag nicht nachgekommen. »Offenbar tut man sich schwer, eine ländliche Tradition zu verbieten«, vermutet *Blick.ch*, »die jetzt wieder auflebt.«

Und wie sieht die rechtliche Situation in Deutschland aus? Als Mitglied der Europäischen Union ist Deutschland an die Verordnung 853/2004 des Europäischen Parlaments und des Rates gebunden. Darin wird bestimmt, was Fleisch im juristischen Sinn überhaupt ist. Katze und Hund zählen eindeutig nicht dazu. Die Umsetzung dieser europäischen Richtlinie in nationales Recht wird bei uns in der sogenannten Tier-LMHV geregelt. In deren § 2 wird »Schlachten« als »Töten von Huftieren, Geflügel, Hasentieren oder

Zuchtlaufvögeln durch Blutentzug« definiert. Auch hier tauchen Katzen nicht auf. Man kann Katzen nach deutschem Recht also weder schlachten noch Fleisch aus ihnen gewinnen.

Auch nicht als Einzelperson mit privater Tierhaltung für den eigenen Gebrauch, wie auf einem Bauernhof in der Schweiz. Denn da man in Deutschland aus Katzen kein rechtskonformes Lebensmittel gewinnen kann, würde im Fall der privaten Schlachtung einer Katze auch das deutsche *Tierschutzgesetz* greifen, in dessen § 1 es heißt: »Niemand darf einem Tier ohne vernünftigen Grund Schmerzen, Leiden oder Schäden zufügen.« Insofern darf man in Deutschland wie in vielen anderen europäischen Ländern Katzen (glücklicherweise) nicht essen.

Zappa im Zwiebelfisch

Der *Zwiebelfisch* ist seit Jahrzehnten eine Berliner Institution. Die 1967 gegründete und mit Plakaten und Originalwerken angesagter Künstler tapezierte Restaurant-Kneipe am Savignyplatz ist seit Anbeginn ein Treffpunkt der (West-)Berliner Boheme und schließt erst in den frühen Morgenstunden.

Vor gut zehn Jahren verkehrte ein graugetigerter Kater in einer anderen Gaststätte am Savignyplatz – bis es ihm dort nicht mehr gefiel. Er beschloss, seinen Wohnort zu wechseln, inspizierte den *Zwiebelfisch* mit seinen in die Jahre gekommenen Stammgästen und blieb. Seitdem heißt der Kater Zappa, und manchmal hört er sogar auf seinen Namen. Meistens jedoch überhört er nicht nur seinen Namen, sondern alle Geräusche im *Zwiebelfisch*. Und dort kann es wirklich ziemlich laut zugehen. Doch Zappa schreitet völlig unberührt vom Geräuschpegel durch das Lokal, um sich dann gleichmütig auf einem seiner Stammplätze niederzulassen. Manchmal kann man ihn auf einem hohen Podest an der Fensterwand beobachten, seinem Thron, von dem er majestätisch das Treiben in seinem überschaubaren Reich verfolgt. Bei Hunger oder Durst sucht er seine kulinarische Versorgungsstation direkt neben dem Tresen auf. Wenn die letzten Gäste den *Zwiebelfisch* verlassen haben, ist auch seine Schlafenszeit angebrochen. Tagsüber begibt sich Zappa in der näheren Umgebung auf Inspektionstour. Längere Aufenthalte sind regelmäßig in einem Einrichtungsgeschäft und einer Apotheke eingeplant. Doch wenn im *Zwiebelfisch* der Trubel beginnt, findet sich Zappa wieder ein. Tag für Tag. Seit zehn Jahren.

Ein Kater bekommt Ansichtskarten

Im 1923 eröffneten *Le Select* am Boulevard du Montparnasse saßen schon die Katzenfreunde Picasso und Hemingway. Vor genau zwanzig Jahren, gewissermaßen als Geschenk zum siebzigjährigen Jubiläum des *Le Select*, tauchte ein schwarzbraungetigerter Kater auf, verschwand dann immer wieder mal für ein paar Tage – um schließlich ganz in das Café einzuziehen, das er inzwischen überhaupt nicht mehr verlässt. Seine Herkunft blieb ungeklärt, aber danach fragt schon lange niemand mehr. Mickey wird von den älteren Damen des Quartiers Le Chat d'or genannt. Nicht nur seines Felles wegen. Sie schreiben ihm sogar

Ansichtskarten aus dem Urlaub, die in zwei Alben gesammelt sind.

»Alles, was seine Existenz im ›Select‹ nicht behindert, ist ihm egal«, hat Niklas Maak in der Frankfurter Allgemeinen Sonntagszeitung über Mickey geschrieben. »Er hat eine nonchalante Gelassenheit, ein würdevolles Desinteresse an der Welt, das nur von Anfällen vertrauter Anschmiegsamkeit unterbrochen wird – schnurrende Anwandlungen, deren Ziel jeder Fremde werden kann, wenn er im richtigen Moment da ist, und die so schnell vorüber sind, wie sie einsetzen.«

Katzen für eine Nacht

Wabasha zählt zu den ältesten Städten am oberen Mississippi. In dem 1826 gegründeten Ort leben heute etwa 2600 Menschen. Über die Grenzen der Vereinigten Staaten hinaus wurde Washaba durch das Anderson House Hotel bekannt, das 1856 gebaut wurde. Hier bot man den Hotelgästen die Möglichkeit an, eine Katze mit auf das Zimmer zu nehmen. Nicht wenige Gäste checkten allein deswegen dort im Hotel ein. Die zum Einsatz kommenden Katzen waren speziell für diesen Job »ausgebildet« worden. Sie mussten zutraulich sein und in der Lage sein, laut und vernehmlich zu schnurren.

In dem deutsch-französischen Fernsehfilm *Katzenlektionen* aus dem Jahr 2008 (arte/ARD) wird dieses Hotel ausführlich vorgestellt. Leider musste das Anderson House Hotel im März 2009 schließen. Offenbar hatten sich nicht genug Katzenfreunde auf den Weg nach Minnesota gemacht.

Können Katzen Erdbeben vorfühlen?

Von der Antike bis heute zeugen Berichte von Katzen, die sich vor Erdbeben auffällig verhalten haben. Dennoch ist dieses Phänomen bis heute weitgehend unerforscht, denn »Experimente mit Tieren und Erdbeben passen nicht in unsere hochentwickelte Forschungswelt«, klagt der promovierte Physiker Helmut Tributsch resignierend.

Vier sehr unterschiedlilche Theorien wollen erklären, wieso Katzen Erdbeben schon im Voraus spüren. Aerosole, winzige Schwebeteilchen in der Luft, könnten die Auslöser sein. Wenn diese elektrisch positiv geladen sind (wie beispielsweise bei Föhn), erhöht sich im Gehirn die Ausschüttung des Botenstoffes Serotonin: eine mögliche Erklärung für die Aufregung und Unruhe unter den Tieren. Es könnten aber auch die von Erdbeben und Tsunamis ausgehenden Druckwellen sein, die feinfühlige Tiere wie Katzen warnen. Denn ihre Fußsohlen sind mit sehr druckempfindlichen Tastrezeptoren ausgestattet, mit denen sie die Wellen womöglich über den Boden wahrnehmen können. Dies wäre eine plausible Erklärung für die tierische Früherkennung von Tsunamis, denn die Druckwellen eines Seebebens durchlaufen Wasser langsamer als das Gestein des Meeresbodens, erreichen also das Ufer wesentlich eher als die Tsunamiwelle selbst. Bei Erdbeben auftretende Temperaturanomalien gelten als weitere Erklärungsmöglichkeit. Seit mehreren Jahren beobachtet man bei größeren Beben eine Erwärmung der Erdbebenzone um zwei bis vier Grad. Dieser durch ausströmende Gase und Ladungen verursachte lokale Treibhauseffekt könnte den Tieren als Warnung gelten. Vermutet wird schließlich auch, dass Tiere auf die von Erdbeben und Tsunamis ausgehenden niederfrequenten Schallwellen reagieren, die sich der Wahrnehmung durch das menschliche Ohr entziehen.

Der renommierte Verhaltensforscher Paul Leyhausen hat die skeptische Haltung der Schulwissenschaft zu den beobachteten Phänomenen so kommentiert: »In der Wissenschaft stehen derartige Einzelfälle nicht hoch im Kurs und werden als ›Anekdoten‹ belächelt. Jedoch liegt gar kein Grund vor anzunehmen, es handle sich hier um ganz seltene Einzelfälle. Es dürfte vielmehr nur Mangel an Beobachtung und Dokumentation sein, der sie uns so ungewöhnlich erscheinen lässt.«

Wie lange schläft die Katze?

Unter quantitativen Gesichtspunkten betrachtet, ist das Schlafen die Lieblingsbeschäftigung der Katze. »Die Katze verschläft ihr Leben – vielleicht das Beste, was man mit seinem Leben anfangen kann«, hat der Schriftsteller Günter Kunert einmal trefflich bemerkt. Etwa sechzehn Stunden widmet sich die Katze täglich dem süßen Nichtstun. Darin wird sie nur vom Opossum (achtzehn Stunden) und der Fledermaus (zwanzig Stunden) übertroffen. Aber Schlaf ist nicht gleich Schlaf, das gilt auch für die Katze. Jeder, der mit Katzen zusammenlebt, hat sicherlich schon bemerkt, wie die ruhende Katze plötzlich ihr Verhalten ändert. Die Pfoten beginnen zu zucken, die Schwanzspitze schlägt leicht aus, sie beginnt leise zu schnattern oder zu maunzen, ihre Bartvibrissen zittern. In diesem Moment

brennt im Gehirn der Katze nur noch eine winzige Not-
beleuchtung – sie ist im Tiefschlaf, in ihrer Traumphase
angekommen. Nach etwa sechs Minuten fällt sie wieder
in den Leichtschlaf, sie liegt bewegungslos auf ihrem Lager, ihre Sinne sind wieder leicht aktiv. Jede halbe Stunde
kommt der Tiefschlaf über sie.

Warum die Katze so viel schläft und träumt, sind ebenfalls
bis heute nicht schlüssig beantwortete Fragen und Gegenstand zahlloser Spekulationen. Schlafforscher haben fest-
gestellt, dass die Länge des Tiefschlafes und die Traumdau-
er abhängig davon sind, wie hoch das Gehirn entwickelt
ist: Fische und Reptilien schlafen traumlos. Vögel träumen
immerhin schon fast eine Minute pro Tag, Ratten gleich
eine halbe Stunde, der Mensch zwei Stunden. Die Katze
träumt etwa drei Stunden pro Tag, mehr als jedes andere
Lebewesen auf diesem Planeten. Mit diesen drei Stunden,
so der französische Autor Jean-Louis Hue, »dominiert sie
die gesamte Schöpfung«.

Berühmte Filmkatzen

Tom & Jerry (1940-1967) Die beständigste Feindschaft der
Filmgeschichte zwischen dem Kater Tom und der Maus
Jerry brachte es auf insgesamt 161 Trickfilm-Episoden. Die
Serie wurde mit sieben Oscars ausgezeichnet und erhielt
sechs weitere Nominierungen.

Die unglaubliche Geschichte des Mr. C (1957 | 78 Minu-
ten | R: Jack Arnold | D: Grant Williams) ist ein typischer
Science-Fiction der fünfziger Jahre. Nach Kontakt mit ra-

dioaktivem Nebel schrumpft Mr. C auf wenige Zentimeter zusammen – und wird von seinem eigenen Kater gejagt.

Frühstück bei Tiffany (1960 | 110 Minuten | R: Blake Edwards | D: Audrey Hepburn) Dieser Filmklassiker nach dem Roman von Truman Capote wäre ohne den rotgestromten, namenlosen Kater überhaupt nicht denkbar. Wie die Protagonistin des Films Holly Golightly (Audrey Hepburn) verkörpert er das Streben nach Freiheit und Unabhängigkeit und spielt somit nur sich selbst. Der Kater tritt ständig in Erscheinung. Er liebt es, Menschen unvermittelt auf die Schulter zu springen, und verfolgt die dramatische Comédie humaine, die sich vor seinen Augen abspielt, gern vom höchsten Brett eines bücherleeren Regals aus.

Der Tod kennt keine Wiederkehr (1973 | 108 Minuten | R: Robert Altman | D: Elliott Gould) Kriminalfilm nach dem Roman *Der lange Abschied* von Raymond Chandler. In der langen Anfangsszene spielt die Katze des Privatdetektivs Philip Marlowe ganz klar die Hauptrolle, und ihr plötzliches Verschwinden ist der Anlass für das blutige Finale des Films.

Harry & Tonto (1974 | 115 Minuten | R: Paul Mazursky | D: Art Carney)
→ Berühmte Kater (Seite 56)

Alien (1979 | 112 Minuten | R: Ridley Scott | D: Sigourney Weaver) Klassischer Science-Fiction-Kinofilm, in dem der rotgestromte Kater Jonesy in Schlüsselszenen eine wichtige Rolle spielt, um beispielsweise die Spannung zu erhöhen. Dennoch dient der Kater nicht lediglich als Metapher, sondern wird als individuelles Tier gezeichnet. (In *Aliens – Die Rückkehr* von 1987 spielt Jonesy erneut mit, aber lediglich in den ersten 15 Minuten des Films.)

Assassins (1995 | 127 Minuten | R: Richard Donner | D: Sylvester Stallone, Antonio Banderas, Julianne Moore) Dieser Action-Thriller gehört zwar nicht zu den cineastischen Meisterwerken, aber die Katze der Computer-Hackerin Elektra ist unfreiwillig daran schuld, dass sie gleich von zwei Killern gejagt wird. Elektra kommt fast um, als sie ihre Katze Pearl auf der Flucht unter keinen Umständen zurücklassen will.

Der Streuner (2005 | 30 Minuten | R: Angela Graas) Dokumentarischer Fernsehfilm vom Bayerischen Rundfunk über einen streunenden Kater in Paris.

Die große Stille (2005 | 161 Minuten | R: Philip Gröning) Drei Stunden schildert der Film das alltägliche Leben der Kartäusermönche in ihrem Mutterkloster Grande Chartreuse. Und in nur zweieinhalb Minuten tauchen die Klosterkatzen während ihrer Fütterung auf. Aber für unverbesserliche Katzenfreunde ist diese Sequenz, in der ein Mönch des strengen Schweigeordens mit den Katzen spricht, einfach schön.

Une vie de chat (2010 | 62 Minuten) Dieser für einen Oscar nominierte Trickfilm erzählt die Geschichte eines Katers, der bei einer Polizistin und ihrer Tochter lebt und nachts mit einem Meisterdieb auf Raubtour geht.

Berühmte Katzenfreunde

Victor Auburtin (1870-1928) Der Berliner Feuilletonist schrieb für das legendäre *Berliner Tageblatt* und glänzte mit wunderschönen Geschichten über Katzen (*Herr Brie oder Katzen und andere Geschichten*), die er leidenschaftlich liebte – obwohl sein Kater Herr Brie einmal in einem Tobsuchtsanfall seine Wohnung, die mit auf Reisen gesammelten Antiquitäten vollgestellt war, verwüstet hatte. Anfang Juni 1928 verließ Auburtin in Rom wortlos ein festliches Bankett. Man nahm an, er würde sein Zigarettenetui holen, aber er kam nicht mehr zurück. Ein paar Tage später fand man ihn (noch im eleganten Abendanzug) im Forum des Kaisers Trajan inmitten von verwilderten Katzen. Auburtin schien geistig verwirrt und war nicht mehr ansprechbar. Er starb drei Wochen später.

Alfred Brehm (1829-1884) Der Autor des populärwissenschaftlichen Werkes *Brehms Thierleben* (1864-1869), war sein Leben lang ein großer Katzenfreund. Brehm begründete u. a. das prachtvolle Aquarium im Berliner Zoologischen Garten und machte sich in seinem »Thierleben« energisch für eine Neubewertung der Katze stark, die zu dieser Zeit immer noch als Hexentier argwöhnisch beäugt wurde: »Das geistige Wesen der Katze wird gewöhnlich gänzlich verkannt. Man betrachtet sie als ein treuloses, falsches, hinterlistiges Thier, und glaubt, ihr niemals

trauen zu dürfen. Viele Leute haben einen unüberwind-
lichen Abscheu gegen sie und gebärden sich bei ihrem An-
blicke wie nervenschwache Weiber oder ungezogene Kinder.« Dagegen setzte Brehm diese Einsicht: »Je höher ein
Volk steht, um so verbreiteter ist die Katze«.

Raymond Chandler (1888-1959) Der amerikanische Schriftsteller und Drehbuchautor zählt zu den bedeutendsten
Krimiautoren des letzten Jahrhunderts. Obwohl Katzen
in seinem Leben eine bedeutende Rolle gespielt haben,
kommen sie in seinen Büchern nicht vor. Wohl aber in
seinen zahlreichen Briefen, in denen er gern betont, dass
er sein »Leben lang ein Katzenliebhaber gewesen« sei und
nicht müde wird, die Vorzüge seiner Katze Taki zu be-
schreiben: »Unsere Katze verhält sich zu einer gewöhnlichen Katze wie ein Alfa-Romeo-Sport-Zweisitzer zu einem Ford-Lieferwagen Modell A oder wie ein Rolls Silver
Wraith zu einer Schubkarre.« Wie abgöttisch Raymond
Chandler und seine Frau Taki geliebt haben, geht aus einem
Brief (26. Januar 1950) hervor: »Wir haben eine schwarze Angorakatze, die jetzt fast 19 Jahre alt ist und die wir
nicht für einen der riesigen Türme von Manhattan her-
geben würden.«
Taki starb am 14. Dezember 1950 im Alter von fast 20 Jahren. Am 10. Januar 1951 beantwortete Chandler die Weih-
nachtsgrüße eines Freundes kurz so: »Dank für Ihren Brief
und die Weihnachtskarte. Ich habe in diesem Jahr nichts
verschickt. Wir waren ein bisschen mitgenommen vom
Tod unserer schwarzen Angorakatze. Wenn ich sage, ein
bisschen mitgenommen, dann ist das konventionelle Dis-
tanz. In Wirklichkeit war es eine Tragödie für uns.«

Sir Winston Churchill (1874-1965) lebte fast sein ganzes Leben lang mit einer oder mehreren Katzen zusammen. »Er liebte Katzen. Ich ebenfalls, und er wusste das. Er lebte immer mit einer Katze zusammen, wenn nicht mit zweien.« Dies berichtete Grace Hamblin, die von 1932 bis 1965 als Churchills Privatsekretärin arbeitete, 1987 auf einer internationalen Churchill-Konferenz. Sir John Colville, der persönliche Referent des Premierministers, erinnerte sich an ein Mittagessen am 3. Juni 1941: »Ich aß mit dem Premierminister und der gelben Katze, die rechts neben ihm in einem Sessel saß und den größten Teil seiner Aufmerksamkeit auf sich zog. Während Churchill über seine Rückzugspläne aus dem Mittleren Osten nachdachte, unterhielt er sich ständig mit der Katze, säuberte ihre Augen mit seiner Serviette, fütterte sie mit Hammelfleisch und drückte sein Bedauern darüber aus, dass er ihr keine Schlagsahne anbieten konnte.« Churchills Lieblingskater während des Krieges war der graugetigerte Nelson. Anlässlich eines familiären Abendessens beobachtete der anwesende amerikanische Kriegsberichterstatter Quentin Reynolds, wie Churchill Nelson mit Lachs fütterte, wenn seine Frau gerade nicht hinschaute. Churchill erzählte dabei, wie er zu Nelson gekommen war: »Nelson ist der mutigste Kater, den ich je kennengelernt habe. Als ich ihn zum ersten Mal sah, verjagte er gerade einen riesigen Hund vom Hof der Admiralität. Da beschloss ich, ihn zu mir zu nehmen und ihn nach unserem bedeutendsten Admiral zu benennen.« Als Churchill im Mai 1940 Premierminister wurde und mit seiner Familie in die Downing-Street zog, vertrieb Nelson umgehend die Katze, die bisher dort gewohnt hatte.

Eine außergewöhnlich tiefe Zuneigung fasste Churchill zu Jock, den er zum 88. Geburtstag von seinem Privatsekretär als Geschenk erhielt. Jock war ein rotgestromter Kater mit weißer Brust und weißen Pfoten. Er durfte in Churchills Bett schlafen und beim Essen war für ihn ein eigener Stuhl reserviert. Jock begleitete Churchill auch, wenn er von seinem Landsitz Chartwell in Kent in sein Stadthaus am Hyde Park zog. Churchill wollte Jock immer um sich haben. Als Churchill im einundneunzigsten Lebensjahr starb, saß Jock auf seinem Totenbett. In seinem letzten Willen verfügte Churchill, dass zukünftig immer ein rotgestromter Kater auf Chartwell, das er dem Staat vermachte, leben müsse. Jock starb 1974. Inzwischen residiert Jock IV. auf Chartwell.

James Dean (1931-1955) Während der Dreharbeiten zu seinem dritten Kinofilm *Giganten* holte sich James Dean ein kleines Siamkätzchen ins Haus, dem er den Namen Marcus gab. »In den darauffolgenden Wochen«, berichtet sein langjähriger Freund William Bast, »schenkte er Marcus sein ganzes Herz. Er kümmerte sich viel um sein Wohlergehen und eilte in den Mittagsstunden aus dem Aufnahmeatelier heim, um das Tierchen zu füttern und bei ihm zu sein. Abends ging er nie aus, ohne zuerst für Marcus zu sorgen. Er kam jetzt sogar früher nach Hause, um seinen kleinen Freund nicht zu lange allein zu lassen. Und so brachte ein schieläugiges, gelbbraunes kleines Fellknäuel das erstaunliche Wunder zustande, den unberechenbaren Dean zu zähmen.« Am Abend des 29. September 1955 brachte James Dean seine kleine Siamesin zu einer Freundin – mit einer schriftlichen Anweisung, wie das Tier zu füttern sei. Er selbst fuhr am nächsten Tag zu einem Autorennen in Salinas, bei dem er starten wollte. Am Nachmittag des 30. September starb James Dean auf dem Weg von Los Angeles nach Salinas bei einem Autounfall. Was aus dem Kätzchen wurde, ist nicht bekannt. Nach einer Legende flüchtete Marcus zum Zeitpunkt von James Deans Tod aus dem Haus seiner Versorgerin und ward nicht mehr gesehen.

T. S. Eliot (1888-1965), dessen Lyrik die anglo-amerikanische Literatur des 20. Jahrhunderts stark beeinflusst hat, wurde 1948 mit dem Nobelpreis für Literatur ausgezeichnet. 1939 erschien sein *Old Possum's Book of Practical Cats* (deutsch: *Old Possums Katzenbuch*, 1952) im Londoner Verlag Faber & Faber, dessen Direktor er war. T. S. Eliot wurde von Freunden »Old Possum« genannt und sein *Book of Practical Cats* ist das bedeutendste und skurrilste lyrische Werk der Katzenweltliteratur. Eine besonders sorgfältige Edition der Gedichte ist 1977 in der Bibliothek Suhrkamp mit Zeichnungen von Edward Gorey und in Übersetzungen von Erich Kästner, Peter Suhrkamp, Siegfried Unseld, Carl Zuckmayer u. a. erschienen. *Das Old Possum's Book of Practical Cats* lieferte die literarische Vorlage für das erfolgreichste Musical der Welt: »Cats«.

Ernest Hemingway (1899-1961) Der amerikanische Schriftsteller wurde 1954 mit dem Nobelpreis für Literatur ausgezeichnet und lebte viele Jahre auf Floridas südlichstem Punkt, der ehemaligen Pirateninsel Key West, mit zahlreichen, sehr außergewöhnlichen Katzen zusammen. In den dreißiger Jahren erhielt Ernest Hemingway von einem

Schiffskapitän einen Kater als Geschenk, der sechs Zehen an jedem Fuß hatte, eine Abweichung von der Natur mit dem wissenschaftlichen Namen Polydaktylie. Heute wohnen regelmäßig um die 50 Katzen in Hemingways zum Museum umgebauter Villa im spanischen Kolonialstil, von der privaten Museumsgesellschaft gefüttert und tierärztlich versorgt. Die meisten dieser Tiere weisen immer noch die Anomalität ihres Urahnen auf, dessen Erbgut sich durch viele Katzengenerationen erhalten hat. Um die Größe der Katzenpopulation nicht ansteigen zu lassen, werden die meisten Katzen sterilisiert bzw. kastriert. Nur zwei Würfe pro Jahr werden zugelassen und aufgezogen. Hemingway schrieb die Kurzgeschichte *Katze im Regen*, in der ein amerikanisches Ehepaar auf seiner Italienreise unverhofft zu einem Kätzchen kommt.

George Herriman (1888-1944) gilt zu Recht als Begründer der Katze im Comic. Deren Geschichte beginnt um 1900 mit einer zumeist schwarzen Katze, die Herriman als Randfigur in viele seiner Zeichnungen, Cartoons und Witzblätter einfügte. Er war es denn auch, der erstmals eine Katze in einem Comicstrip auftauchen ließ. Am 6. September 1903 spielte eine schwarze Katze in seiner Serie *Lariate Pete* (Lasso Pete) auf allen sechs Bildern des Strips eine die Dramatik des Geschehens widerspiegelnde Nebenrolle. In einem anderen, ebenfalls halbseitigen Comic, *Rosy's Mama* vom 3. September 1906, werden zum ersten Mal im Comic einer Katze Worte in den Mund gelegt. Nur drei Monate später erfand Herriman den ersten Katzen-Comic der Geschichte. Diesmal handelt es sich zur Abwechslung um eine weiße Angora namens Zoo Zoo, die im November 1906 in einem gleichnamigen Comicstrip das Licht der Welt erblickte. Es sollten noch mehrere andere Katzen-Comics und zehn weitere Jahre ins Land gehen, bis Herriman die *Krazy Kat* erfand, mit der er sich in den Olymp des Genres zeichnete.

E. T. A. Hoffmann (1776-1822) veröffentlichte 1819 bis 1822 die *Lebens-Ansichten des Katers Murr* und schuf damit die berühmteste Katze der Literaturgeschichte. Hoffmann lebte am Berliner Gendarmenmarkt von 1818 bis 1821 mit seinem Kater Murr, den er vermutlich auf dem Heimweg von einer seiner abendlichen Sauftouren irgendwo in der Gosse aufgelesen hatte. »Ich rettete einen Kater«, schrieb er in seinem Murr-Roman, »ein Tier, vor dem sich viele entsetzen, das allgemein als perfide, keiner sanften, wohlwollenden Gesinnung, keiner offenherzigen Freundschaft fähig ausgeschrien wird ... Es ist das gescheuteste, artigste, ja witzigste Tier der Art, das man sehen kann ... ein Kater, der wirklich in seiner Art ein Wunder an Schönheit zu nennen [ist].«

Der wirkliche Kater Murr inspirierte Hoffmann zu seinem Roman. »Zu der äußern Form dieses Buches«, überlieferte der Freund und Biograph Julius Eduard Hitzig, »war Hoffmann durch einen ausgezeichneten schönen Kater veranlasst worden, den er aufgezogen hatte und der ihm wirklich mehr als gewöhnlichen Tierverstand zu haben schien; wenigstens war er unerschöpflich in Erzählungen von den Klugheiten, welche von diesem Liebling ausgegangen sein sollten.« Hitzig berichtet auch, dass der Kater Murr am liebsten im »Schubkasten des Schreibtisches seines Herrn« ruhte, »den er sich mit den Pfoten selbst aufzog«. Auch Hoffmann selbst wies in einem Brief an seinen Freund Friedrich Speyer vom 1. Mai 1820 darauf hin, dass der Kater ihn inspiriert hatte. »Ein wirklicher Kater von großer Schönheit (er ist auf dem Umschlage seines Buches frappant getroffen) und noch größerem Verstande, den ich auferzogen, gab mir nämlich Anlass zu dem skurrilen Scherz, der das eigentlich sehr ernste Buch durchflicht.«

Im November 1821 erkrankte Murr schwer, und die konsultierten Ärzte konnten ihm nicht helfen. Er starb in der Nacht vom 29. auf den 30. November. »Gegen Morgen starb er«, berichtete Hoffmann, »und nun ist mir das Haus so leer und auch meiner Frau. Ich wollte heute früh gleich zu Fiocati, und ihr einen sprechenden Papagei kaufen; aber sie will keinen Ersatz, und ich auch nicht. Nicht wahr, Freund, Sie halten auch nichts von Surrogaten für geliebte Gegenstände?« Einen Tag nach Murrs Tod schickte Hoffmann Freunden eine lithographierte Traueranzeige: »In der Nacht vom 29. bis zum 30. November d. J. entschlief, um zu einem beßern Dasein zu erwachen, mein theurer geliebter Zögling der Kater Murr im vierten Jahr seines hoffnungsvollen Lebens. Wer den verewigten Jüngling kannte, wer ihn wandeln sah auf der Bahn der Tugend und des Rechts, mißt meinen Schmerz und ehrt ihn durch Schweigen. Berlin d. 1. Decbr. 1821, Hoffmann.«

Joseph-Jérome Lalande (1732-1807) Der französische Astronom bildete kurz vor 1800 aus einem von ihm entdeckten Sternhaufen das Sternbild der Katze. »Es gab schon dreiunddreißig Tiere am Himmel. Ich habe ein vierunddreißigstes eingeführt«, schrieb er in seiner Astronomischen Bibliographie. 1801 wurde dieses Sternbild im ersten großen Sternatlas des Direktors der Berliner Sternwarte Johann Elert Bode veröffentlicht (*Uranographia sive astrorum descriptio*). 1865 tauchte das Sternbild letztmalig in *Meyers Lexikon* auf. Danach verschwand es für immer aus der astronomischen Wissenschaft. Jean-Louis Hue schreibt in seinem Buch *Katzen* über die Lalandsche Katze: »In einer Frühlingsnacht setzt sich die Lalandsche Katze wieder zusammen, Stern für Stern. Aus Koketterie hat sie sich Brillanten an die Ohren und um die Pfoten gesteckt. Ein Paillettenregen versilbert ihr Fell. Das Sternbild der Katze gleitet im Lauf der Jahreszeit langsam nach Westen. Genau wie auf der Erde läuft die Katze auch am Himmel davon.«

Paul Léautaud (1872-1956) war ein sehr außergewöhnlicher Katzenfreund, wie es ihn kaum ein zweites Mal gegeben hat. Als Hauptwerk gilt sein *Literarisches Tagebuch*, das sich von 1893 bis 1956 erstreckt. Darin finden sich zahlreiche Eintragungen über Katzen. Anfang des 20. Jahrhunderts flüchtete der Misanthrop in das neun Kilometer von Notre Dame entfernte Städtchen Fontenay-aux-Roses. Dort verschanzte er sich in einem kleinen Häuschen, in dem er bis zu seinem Tod wohnen bleiben sollte. Doch nicht allein: »38 Katzen, 22 Hunde, 1 Ziege, 1 Gans« sind das Resultat einer Volkszählung von 1914. Das Erdgeschoss des Hauses gehörte ganz den Tieren, Léautaud hatte sich im ersten Stock mit wenigen Möbeln höchst bescheiden eingerichtet. Den Garten, der auch als Tierfriedhof diente, überließ er sich selbst. Paul Léautaud hat die Tieren den Menschen vorgezogen: »Die armen verlassenen und verlorenen Tiere, die Hungers sterben und von diesem oder jenem gepeinigt oder geängstigt werden – mir nötigt das mehr Mitgefühl ab als sämtliche Geschichten und Unfälle von Bergleuten.« Léautaud ist sich bewusst, dass er in dieser Frage einen nicht gerade mehrheitsfähigen Standpunkt vertritt, und notiert 1906: »Mein Mitleid für die Tiere hat etwas Krankhaftes. Ich leide jetzt schon bei der Vorstellung, dass ein Tier – gleich welches – unglücklich sein könnte.« Auf seinem Weg zur Arbeit und seinen Streifzügen durch Paris hat er immer Halsband und Leine in der Tasche – es könnte ja sein, dass er auf einen Streuner trifft, der seiner Hilfe bedarf. Jeden Abend schleppt er in einer großen Einkaufstüte Futter für seine Tiere nach Hause: »Jetzt bringe ich jeden Tag Leber, das Pfund zu sechsunddreißig Sous. Ich selbst gehe dabei in Lumpen, die für die Frondienste, die ich leiste, gerade richtig sind.« Das geringe Geld, das ihm zufließt, kommt überwiegend seinen Tieren zugute. Und unter dem Datum vom 12. Juni 1907 findet sich in seinem Tagebuch dieser bemerkenswerte Eintrag: »Ich habe einmal Schicksal gespielt und mich gefragt: die Gesundheit meiner Katze oder der Prix Goncourt? Kein Zögern: die Gesundheit meiner Katze Boule.«

So hat er auf den bis heute bedeutendsten französischen Literaturpreis verzichtet, aber was er nicht aufgibt, ist der jährliche Sommerurlaub. Charles-Albert Cingria hat einmal geschildert, wie er diesen verbrachte: »In gewissen Sommern bestimmter Jahre führte er mehr als vierundzwanzig Katzen an den Strand, um ihnen Ferien zu verschaffen. An den Strand, das ist so hingesagt, denn er selbst drehte dem Meer den Rücken zu und seine Katzen ebenfalls. Nur das weiche Gras und die Bequemlichkeit eines angenehmen Häuschens führte ihn an die bretonische Küste. Léautaud unternahm diese Reise – eine lange Reise von zwölf Stunden – zehn Jahre lang, seit 1914 jedes Jahr.« In dem Text *Sommerfrische, Sommerfrische* hat Léautaud selbst darüber geschrieben: »Aber glauben Sie mir, bei der Ankunft wird man für seine Mühen reichlich belohnt. Sobald man im Garten ist, werden die Körbe geöffnet. Die Katzen heben die Köpfe. Sie kennen sich aus. Sie fangen an herumzulaufen und auf die Bäume zu klettern, und jede findet ihren gewohnten Winkel. Sie scheinen sich zu sagen: ›Und jetzt kommen vier Monate des Glücks.‹«

Als die Deutschen 1940 auf Paris marschieren, denkt Léautaud nicht an sein Leben, sondern an das seiner Tiere. Am 11. Juni schreibt er in sein Tagebuch: »Die Einkesselung von Paris fängt jetzt wohl an. Ich bleibe. Ich bin immer entschlossen gewesen zu bleiben. Ich will nicht meine Lebensgefährten, die Tiere, opfern.«

Eine von Léautauds letzten Tagebucheintragungen datiert vom 28. Januar 1956: »Praline, eine sehr hübsche Katze von einem sehr hübschen Blassgelb, die bereits gestern den Tag in meinem Zimmer verbracht und mein Mittagessen mit mir geteilt hat, wollte heute früh, dass man ihr meine Tür aufmache, und hat sich sogleich in mein Bett gelegt.« Keine vier Wochen später starb Léautaud. Der Abbé Arthur Mugnier (1853-1944), ein großer Freund der Literatur und gerngesehener Gast in den Salons der Belle Époque, hat für den bekennenden Materialisten Léautaud folgende versöhnlichen Worte gefunden: »Er kann Gott lästern, er kann ihn leugnen, verspotten, alles schreiben, was er will: Er wird doch gerettet werden. Am Tag des

Jüngsten Gerichts wird es viele Hunde und viele Katzen geben, die für ihn zeugen, damit ihm aufgetan werde.«

Mark Twain (1835-1910) war ein notorischer Pessimist und Katzenliebhaber: »Unter allen Geschöpfen Gottes existiert nur eines, das sich nicht versklaven lässt, die Katze. Könnte man den Menschen mit der Katze kreuzen, würde man damit den Mensch verbessern, aber die Katze verschlechtern«. Mark Twain wuchs mit zahlreichen Katzen auf. In seiner Autobiographie erwähnt er, dass die Familie im Jahr 1845 mit 19 Katzen zusammenlebte. In den *Briefen von der Erde* erzählt er seinen Töchtern kauzige Katzengeschichten, und in seinem autobiographischen Roman *Durch dick und dünn* taucht ein Kater namens Tom Quarz auf, ein kluger, würdiger Kater, der in seinem ganzen Leben zwar nicht eine Ratte gefangen hat, weil ihm das »nicht fein genug« war, aber dafür eine große Spürnase für Goldvorkommen besaß. 1905 erregte Mark Twains einjähriger schwarzer Kater Bambino große Aufmerksamkeit. Der siebzigjährige Schriftsteller lebte zu dieser Zeit in New York, war vernarrt in diesen Kater und sehr stolz darauf, ihm ein kleines Kunststück beigebracht zu haben. Wenn Mark Twain ihn im Bett zu sich rief und ihm zweimal zunickte, ging Bambino zu der Nachttischlampe und drückte mit seiner rechten Pfote auf den Knopf, um damit das Licht zu löschen. Nach einem Bericht der Hausangestellten Katy Leary gab Mark Twain gern damit an und ließ Bambino seine Fähigkeit unter Beweis stellen, wenn Freunde danach fragten. Anfang April verschwand der Kater durch ein offenes Fenster. Als er am nächsten Tag nicht wiederaufgetaucht war, schaltete Mark Twain Suchanzeigen in mehreren Tageszeitungen, in denen er für den Finder eine Belohnung von 5,– US-$ auslobte, damals kein geringer Betrag. Noch am selben Tag bildete sich eine große Menschenschlange vor seinem Haus. Doch die meisten Menschen brachten Katzen vorbei, die der gegebenen Beschreibung absolut nicht entsprachen. Sie hatten nur im Sinn, Mark Twain persönlich zu treffen. Zwei oder drei Tage später wurde der Kater von Katy Leary im Hof eines Nachbarhauses gefunden. Obwohl Mark Twain erneut Anzeigen aufgab, um dies öffentlich bekanntzugeben, riss die Schlange der Menschen vor seinem Haus nicht ab.

Sir Isaac Newton (1643-1727) Der englische Philosoph, Physiker und Mathematiker beschrieb in seiner *Philosophiae naturalis principia mathematica* 1687 das universelle Gesetz der Gravitation. Newton soll in seinem Arbeitszimmer zwei unterschiedlich große Katzentüren für seine Katze und deren Nachwuchs eingebaut haben, damit diese sich frei bewegen konnten, ohne ihn zu stören. Newtons Nichte Catherine Barton (1679-1739) führte von 1707 bis zu Newtons Tod dessen Haushalt. Auf sie geht eine Geschichte zurück, die Ehm Welk (1884-1966) in seinem Buch *Die wundersame Freundschaft* (1940) abgedruckt hat: »Als Newton durch seinen Garten ging, sah er auf einem Apfelbaum seinen Kater sitzen. Er rief das Tier an und klagte ihm die Unfruchtbarkeit seiner Gedanken. Der Kater erhob sich und strich den Ast entlang. Dabei lockerte er einen Apfel, der auf den Rasen fiel. Regungslos stand der Gelehrte und sah dem fallenden Apfel nach. Dann bückte er sich, hob den Apfel auf und maß mit dem Auge die Bahn des Apfels, vom Zweig zum Rasen und vom Rasen zum Zweig. Darauf breitete er die Arme gegen den Kater, der hineinsprang. Dann hielt er dem Kater einen Vortrag über das Gesetz der gegenseitigen Anziehung, über das er schon länger gegrübelt hatte. Aber der Kater langweilte sich. ›O du dummer Bursche‹, rief der Gelehrte schließlich, ›wüßtest du, zu welchem Geschenk du mir und der Menschheit verholfen hast. Aber was verstehst du von der Schwerkraft!‹ Und er warf den Apfel in die Luft und beobachtete seinen Fall. Mit einem Satz schnellte sich der Kater aus seinem Arm, ergriff den Apfel mit seinen Pfoten und spielte mit ihm. Da wurde Newton ernst und sprach: ›Mein liebes Tier, verzeih mir meine Überheblichkeit. Du brauchst von der Gravitation nichts zu wissen, du trägst das Gesetz als Gefühl in dir, denn du bist der Natur näher als der Mensch, der seinen Verstand dazwischen baute!‹ Darauf nahm er den Apfel in die linke Hand, den Kater unter den rechten Arm, trug beide in sein Studierzimmer und begann, seine *Principia* zu schreiben.« Demnach verdanken wir also die Entdeckung der Gravitation Newtons Kater.

Pablo Picasso (1881-1973) Obwohl Picasso ein großer Katzenfreund war und über lange Zeiträume mit ihnen zusammengelebt hat, spielt das Bildmotiv der Katze in seinem Gesamtwerk quantitativ eine untergeordnete Rolle. Dennoch hat er eine Reihe von Katzenbildern gemalt, einige von ihnen zählen sogar zu seinen Hauptwerken.
Drei Wochen nach dem Ende des Spanischen Bürgerkrieges entstehen in kurzer Folge zwei einander sehr ähnliche Ölbilder: *Katze, die einen Vogel packt* und *Katze, einen Vogel zerreißend*. Diese beiden Katzen sind als Monster darge-

stellt, als mordende Räuber, die mit kalter Brutalität dabei sind, ihre Beute in blutige Stücke zu zerreißen. Picasso hat nicht widersprochen, als man Katze und Vogel, Räuber und Beute, als Allegorie des Spanischen Bürgerkriegs interpretiert hat.

1964 entsteht innerhalb weniger Tage das Ölbild *Jacqueline sitzend mit Katze*. Jacqueline Roque ist die letzte Frau in Picassos an Amouren reichen Leben. Sie trifft ihn 1953, heiratet ihn 1961 und harrt bis zu seinem Tod bei ihm aus. Eine Fotografie von 1964 zeigt Picasso in seinem Garten. Er hat die Arme verschränkt und schaut in die Kamera. Neben ihm ist das 195 x 130 Zentimeter große Bild *Jacqueline sitzend mit Katze* aufgestellt, das ihn mit Stolz zu erfüllen scheint. Auch mit der auf diesem Bild gemalten Katze wird das Paar zusammengelebt haben. Vielleicht hat er sie sogar mit dieser Aussage gemeint: »Katzen sind die rücksichtsvollsten und aufmerksamsten Gesellschafter, die man sich wünschen kann.«

Maurice Ravel (1875-1937) Der französische Musiker komponierte eines der schönsten Musikwerke, das je durch den Einfluss von Katzen entstanden ist: *L'Enfant et les Sortilèges* (Das Kind und der Zauberspuk). In dieser 1926 uraufgeführten Oper gibt es ein sehr kätzisches »Duett, musikalisch miaut vom schwarzen Kater und der weißen Katze«. Dieses Duett war Ravel sehr wichtig, doch beim Pariser Publikum stieß es auf sprachloses Unverständnis. Trotzdem wurde die Oper ein Welterfolg. Ravel lebte viele Jahre mit Siamkatzen zusammen, deren laute und erzählfreudige Stimmen ihn immer wieder inspiriert haben.

Richelieu (1585-1642) Der bedeutende französische Kardinal und einflussreichste Politiker am Hof Ludwigs XIII. hielt sich in seinem Arbeitszimmer zwischen zehn und fünfzehn Katzen, um deren Versorgung sich zwei Bedienstete zu kümmern hatten. Nach dem Aufwachen ließ er sich mehrere Katzen zum Spielen ans Bett bringen, und in seinem Kardinalsgewand soll er immer zwei oder drei Katzen verborgen gehalten haben.

Theodore Roosevelt (1858-1919) steht hier auch für eine ganze Reihe von amerikanischen Präsidenten, die im Weißen Haus mit Katzen zusammengelebt haben. Aus Katzensicht war Roosevelt vielleicht einer der bedeutendsten Präsidenten Amerikas. Er lebte mit dem Kater Tom Quarz und der Katze Slippers zusammen. Slippers war bei vielen Staatsbanketten anwesend und legte sich einmal anlässlich eines Empfanges auf den roten Teppich, der zum Bankettsaal führte. Roosevelt machte einen Bogen um die ungerührte Katze und die internationale Diplomatie folgte seinem Beispiel. Tom Quarz lieferte sich zahllose Scharmützel mit Jack, dem Hund des Präsidenten. Darüber hat sich Roosevelt in einigen Briefen sehr ausführlich geäußert.

Arno Schmidt (1914-1979) An diesem wenig kommunikationsfreudigen Sonderling scheiden sich zwar heute noch die Geister, sein Werk steht dennoch wie ein Monolith in der deutschen Literaturgeschichte des 20. Jahrhunderts. Eine der wenigen Kontinuitäten seines Lebens war die enge Verbundenheit mit Katzen. Schon 1934 schrieb er seinem ehemaligen Schulfreund Heinz Jarofsky: »Ich spinne wäh-

rend der Arbeit wie eine Klosterkatze.« Am 31. Januar 1958
schickte er einen Brief an seinen Freund, den Maler Eber-
hard Schlotter (*1921). An den Anfang des ansonsten auf
Maschine getippten Briefes hat Arno Schmidt (amtliche
Usancen karikierend) handschriftlich »Ihr Zeichen: es«
eingefügt. Und nach »Unser Zeichen« eine liegende Katze
gezeichnet. Während der Arbeit an *Zettels Traum* bekamen
Schmidts Katzen, die vorher im ganzen Haus geduldet
waren, plötzlich Schreibzimmer-Verbot: Der Kater Conte
Fosco hatte dort in Schmidts wertvolle Cooper-Ausgabe
gepinkelt.

In Arno Schmidts Werk wimmelt es nur so von Katzen:
Insgesamt 123 felide Fundstellen hat der Berliner Buch-
händler Gumny (†) bei der Lektüre des Gesamtwerkes entdeckt. – In seinen Büchern verleihen Katzen einem Sternbild ihren Namen (→ Joseph-Jérome Lalande, Seite 81),
sitzen auf Zaunpfählen und schauen mitleidig verächt-
lich auf einen Dackel herab, sind manchmal schwul, ver-
stecken Wäscheklammern in Schuhen (auch Tischtennis-
bälle), stehen im Weg, versprühen nachts Funken, spielen
im Korridor, randalieren, bekommen Nachwuchs, werden
bekocht (»Katzen essen leidenschaftlich gern gedünstete
Pilze, mit Zwiebeln, Pfeffer, Salz, Kümmel«), zeigen »Kral-
lenfächerchen«, halten immer wieder erwartungsvoll nach
der Wurstbüchse Ausschau (und werden selten enttäuscht,
auch wenn sie dann als »schmatzende Ruhestörer« gelten), streichen den Menschen um die Beine, dürfen sich
über Libby-Milch als Leckerli freuen, werden gestreichelt
und auf den Schoß genommen, beäugen Besucher miss-
trauisch, zeigen Wetterwechsel an, schleichen (»dienst-
lich geduckt« heißt das bei Arno Schmidt) auf Mäusefang,

sitzen auf Tischen, stoßen ungeduldige Wehlaute aus, waren in byzantinischer Zeit besser als Wiesel (»der Villicus sagte erst gestern wieder: er wüsste bald nicht mehr, wie ne Maus aussieht!«), lecken sich am Arsch (»dann steht 1 Pelz-Stelz-Bein so hoch in die Luft weg!«), werden mit Arsenik vergiftet und müssen also für die Erfindung von Gottes Ebenbild büßen, stehen mit den Vorderpfoten auf dem Schemelrand und schauen angeregt beim Kochen zu, sind ein Sinnbild der unerreichbaren Freiheit (»Und das ist ja einer der seltenen Fälle, wo der Singular mehr ist als der Plural: ›Freiheiten‹ gewährt man den Völkern allenfalls noch; die Freiheit nimmermehr«), beobachten das Tun der Menschen, sitzen herum und schnurren oder sind einfach nur genannt, also präsent – dies alles sei hier nur erwähnt, um wenigstens einen kleinen Einblick in das Schmidtsche Katzenuniversum zu geben. In *Kühe in Halbtrauer* (1964) hat Arno Schmidt sogar eine kurze, aber überdeutliche Begründung für seine Katzenliebe gegeben: »Ich schätze diese Tiere fast über Gebühr; allein schon deshalb, weil sie sämtlich Nicht-Kristn sind.«

Wie und warum schnurren Katzen?

Erstaunlicherweise ist bis heute wissenschaftlich nicht eindeutig geklärt, wie unsere Hauskatzen schnurren. Es gibt darüber vier Hypothesen. Die Vertreter der Zungenbein-Hypothese weisen darauf hin, dass das sogenannte Zungenbein der Katze ein verknöcherter Knorpel ist, der die Mittelohrkapsel mit dem Kehlkopf verbindet. Beim Ein- und Ausatmen presst die Katze die Atemluft am Zungen-

bein vorbei, das dadurch in Schwingung versetzt wird . . .
und schnurrt. Aber müssten Katzen dann nicht immer
schnurren? Die Kehlkopf-Hypothese geht davon aus, dass
das Schnurren durch ein schnelles Zucken der Kehlkopf-
muskeln und des Zwerchfells verursacht wird. Die Blut-
wallungs-Hypothese schließlich vertritt die Ansicht, dass
der Blutfluss in der hinteren Hohlvene der Katze für ihr
Schnurren verantwortlich sei. Das strudelnde Blut würde
das Zwerchfell in Schwingung bringen und so das Schnurren erzeugen. Aber die Blutgefäße der Katze unterscheiden sich nicht grundsätzlich von denen anderer Tiere,
die jedoch nicht schnurren können. Die Falsche-Stimm-
bänder-Hypothese hält dagegen, dass die Katze neben ihren gewöhnlichen Stimmbändern im Kehlkopf noch ein
zweites Paar Stimmbänder besitzt. Die Schwingungen dieser falschen Stimmbänder seien es, die das Schnurren der
Katze erzeugen. Diese Theorie scheint am wahrscheinlichs-
ten, aber bewiesen ist sie bis heute nicht.

Auch die Frage, warum Katzen schnurren, ist nicht mit
einem Satz zu beantworten. Das saugende Katzenjunge
signalisiert mit seinem Schnurren der Mutter, dass alles
in Ordnung ist und der Milchfluss seinen Bestimmungs-
ort erreicht hat. Die Katzenmutter schnurrt bei der Rück-
kehr ins Nest, um die Jungen zu beruhigen. Erwachsene
Katzen signalisieren mit dem Schnurren eine friedfertige
Stimmung. Junge Katzen schnurren bei der Begegnung
mit erwachsenen Tieren, um sie zum Spielen aufzufordern.
Rangüberlegene Katzen schnurren, wenn sie sich unter-
legenen Tieren in friedlicher Absicht nähern. So paradox
es klingt, kranke, schwerverletzte Katzen und solche, die
im Sterben liegen, schnurren auch. Sie dämpfen so die

mögliche Angriffs- und Kampfbereitschaft überlegener Tiere.

Der Wissenschaftspublizist Rolf Degen hat 2001 in der Frankfurter Allgemeinen Zeitung auf einen biologischen Sinn des Schnurrens hingewiesen, denn es ist »unwahrscheinlich, dass die Evolution einen solchen akustischen Luxus geschaffen hätte, wenn er keinen handfesten Vorteil im Überlebenskampf mit sich brächte. Wenn sich neuere Befunde bestätigen, ist das Schnurren auch eine Art ›Musiktherapie‹, mit der die Katze die Heilung verletzter Knochen und Gelenke unterstützt.« Er verweist auf veterinärmedizinische Forschungen, nach denen sich bei Hühnern und Kaninchen durch eine Beschallung mit Vibrationen zwischen 20 und 50 Hertz – der normalen Schnurrfrequenz der Katze – »eine höhere Knochendichte, ein schnelleres Knochenwachstum und eine verkürzte Heilungsdauer bei Verletzungen erzielen« lässt. Auch in der Humanmedizin ist dieses Phänomen bekannt. Sportmediziner »wenden routinemäßig Schwingungen zwischen 18 und 35 Hertz an«.

Warum verscharren Katzen ihren Kot und Urin?

Es trifft keinesfalls zu, dass Katzen ihren Kot und Urin immer verscharren. Beobachtungen von freilebenden Katzen haben ergeben, dass revierdominante Kater ihre Körperausscheidungen im Gegenteil als eigene, unverwechselbare Duftmarke dort absondern, wo der Geruch sich optimal verbreiten kann, auf Gestein oder hochgelegenen

Punkten im Gelände. Schwächere und unterlegene Katzen dagegen vergraben ihren Kot, um das dominierende Tier nicht zu »provozieren«. Deshalb lernen Haus- und Wohnungskatzen das Verscharren von klein auf. Sie akzeptieren damit die Dominanz des Menschen, des Überlegenen, der sie regelmäßig mit Futter versorgt.

Hotelkatzen

Für sein hinreißendes Fotobuch *Beruf: Katze* aus dem Jahr 1979 hat Terry deRoy Gruber auch Hamlet abgelichtet, den damals amtierenden Kater des Künstlerhotels Algonquin in Manhattan. Ein Kellner vertraute dem Fotografen seine Meinung über den Hotelkater und die Gäste an: »Die Schriftsteller, die hierher kommen, quasseln zu viel. Von Hamlet könnten sie noch lernen, wie man gedanklich in die Tiefe dringt.« Die Tradition des Hotelkaters reicht im Algonquin nun schon über 70 Jahre zurück. In den späten dreißiger Jahren betrat ein hungriger Streuner das Hotel durch den Haupteingang, wurde vom Besitzer Frank Case gefüttert – und blieb. Rusty schaltete schnell vom Straßenkater zum Bewohner einer Luxusresidenz um. Wie es heißt, schlabberte er seine Milch nur aus Champagnergläsern.

Mathilda III. heißt die zehnte Katze des Algonquin. Sie ist inzwischen 17 Jahre alt und feiert jedes Jahr eine große Geburtstagsparty. Im Jahr 2002 waren über 150 Gäste geladen, die nicht schlecht staunten, als Mathilda plötzlich in die große Geburtstagtorte sprang und danach vor Schreck irgendwo verschwand. Hotelangestellte fanden Mathilda aber schnell wieder, sie brauchten ja nur ihren Sahnespuren zu folgen. Seit 2011 ist Mathilda angeleint, denn aufgrund der neuen Hygienevorschriften darf sie nicht mehr in die Hotelräume, in denen Speisen serviert werden.

Im Jahr 2011 fragte sich Didier Le Calvez, der Direktor des Pariser Luxushotels Le Bristol: »Wir sind ein Familienhotel. Warum haben wir keine Katze?« Kurz darauf zog die weiße Birmakatze Fa-raon im Le Bristol ein. Oft empfängt die Katze mit dem grünen Halsband die Hotelgäste auf dem Tresen der Rezeption; sie streift aber auch gerne durch den Hotelgarten oder lässt sich im Drei-Sterne-Restaurant mit Häppchen verwöhnen. Neben Leonardo DiCaprio, Brad Pitt und Angelina Jolie hat sie schon zahlreiche Berühmtheiten begrüßt. Auf der Facebook-Seite des Hotels kann man in zwei Fotoalben Bilder von ihr bewundern: offizielle Fotografien und zahlreiche Zeichnungen, die Kinder von Fa-raon angefertigt haben.

Vernichten Katzen Vogelarten?

Alljährlich kehrt er wieder: der Vorwurf, die Katze sei ein gefährlicher Vogelmörder. Doch 2013 war alles anders. Die *Süddeutsche Zeitung* berichtete in ihrer Ausgabe vom 31. Januar über eine neue Studie zum Einfluss freilaufender Hauskatzen auf die Tierwelt in den Vereinigten Staaten (*The impact of free-ranging domestic cats on wildlife of the United States*), die ein paar Tage zuvor im *Online-Magazin Nature Communications* veröffentlicht worden war.

Nach dieser Untersuchung mit dem Anspruch auf Wissenschaftlichkeit töten die schätzungsweise 84 Millionen freilaufenden Hauskatzen in den USA jährlich bis zu 3,7 Milliarden Vögel und 20,7 Milliarden Säugetiere, sie haben ferner zur Ausrottung von 33 Arten mindestens beigetragen und sind somit – so die Autoren der Studie – eine »größere Gefahr für die Artenvielfalt als landwirtschaftliche Pestizide oder die Zerstörung der natürlichen Lebensräume durch den Menschen«.

Das klingt auf den ersten Blick hochdramatisch. Bei näherer Betrachtung erweisen sich die in der Studie enthaltenen Zahlen, Analysen und Bewertungen allerdings als ziemlich fragwürdig.

Im Internet ist lediglich eine kurze Zusammenfassung der Studie frei zugänglich. (Der ganze Artikel in *Nature Communications* ist nur für 30 € einsehbar.) Und schon das Abstract räumt ein, dass es auch 1,4 Milliarden Vögel sein könnten, die jährlich Katzen zum Opfer fallen. Wenn wir einmal kurz nachrechnen, würde also jede amerikanische Hauskatze pro Monat etwa anderthalb Vögel töten. Selbst das klingt viel. Wenn man sich aber vor Augen hält, dass Katzen in aller Regel nur kranke oder schwache Vögel in die Krallen kriegen, relativiert sich der Schrecken dieser Zahlen schon sehr erheblich.

Auch bei den Säugetieren, die von Katzen getötet werden, schwanken die in der Studie angegebenen Zahlen erheblich: Es sollen zwischen 6,9 und 20,7 Milliarden im Jahr sein. Doch von welchen Säugetieren ist hier die Rede? Es sind zu etwa 90% Ratten und Mäuse, das haben jedenfalls andere Studien über den Mageninhalt (durch den Straßenverkehr!) getöteter Katzen ergeben. Haben wir Menschen uns nicht vor über 5000 Jahren mit den Katzen angefreundet, damit sie Ratten und Mäuse töten? Und zwar möglichst viele von diesen Futterschädlingen, die überdies ansteckende Krankheiten verbreitet haben? In einem gebe ich der Studie recht: Die Katze ist und bleibt ein Raubtier, auch unsere Hauskatze. Wäre sie es nicht, sähe die Ratten- und Mäusepopulation (selbst heute) ganz anders aus.

Besonders ärgerlich an dieser sogenannten Studie ist aber der behauptete, angeblich artenvernichtende Einfluss der Katze auf die Tierwelt. An der Vernichtung von 33 Arten soll die Katze zumindest beteiligt gewesen sein. Aber haben die Autoren der Studie wirklich aus den Augen verloren, dass nach dem *Bericht der Vereinten Nationen* zur *Artenvielfalt* (Quelle: Wikipedia, Stichwort »Aussterben«) derzeit bis zu 130 Tierarten täglich aussterben? Und dafür werden diese vier Faktoren verantwortlich gemacht:

* die Art der Landnutzung (Land- und Forstwirtschaft mit ihrem rasanten Flächenverbrauch und der damit einhergehenden Waldvernichtung und Bodendegeneration
* der aktuelle Klimawandel
* die Chemisierung unserer Umwelt und der Landwirtschaft
* und schließlich die so genannten invasiven Arten, welche einheimische Arten verdrängen. – Zu denen aber Katzen ausdrücklich nicht zählen.

In diesem Bericht der UNO steht kein Wort über die Katze als Bedrohung der Umwelt und der Artenvielfalt. Aber eine ganze Menge über den Menschen ...

Was sagen seriöse Umwelt- und Vogelschützer zu dem Thema? Markus Nipkow vom Naturschutzbund Deutschland sieht »keine Anhaltspunkte, dass Katzen in Europa einen nennenswerten Einfluss auf die Vogelbestände haben. Die Katzen schöpfen einfach den Teil der Vögel ab, der ohnehin umkommen würde. Rund 60 Prozent aller Kleinvögel überleben nicht bis ins nächste Jahr.« Und Sarah Niemann von der Royal Society for the Protection of Birds stellt zwar fest, dass »unsere Haussperlinge dramatische Bestandseinbußen hinnehmen mussten«. Sie führt den Niedergang dieser Art aber auf die sich verschlechternden Lebensbedingungen der Vögel zurück, für die in erster Linie der Mensch verantwortlich sei. »Trotz der intensiven Nachstellungen durch Katzen vermehren sich zum Beispiel Blaumeisen in den letzten Jahrzehnten sogar deutlich.«

Darf man Katzen zu Kunst verarbeiten?

Der mit Einzelausstellungen bisher außerhalb der Niederlande nicht in Erscheinung getretene und weder in der deutschen noch in der niederländischen Wikipedia verzeichnete Künstler Bart Jansen hat medial im Juni 2012 international durch eine umstrittene Installation Aufsehen erregt. Er nutzte seine (nach eigener Aussage) bei einem Autounfall ums Leben gekommene Katze, um aus ihrem Fell einen flugfähigen Helikopter mit vier Rotoren zu bauen. Nähere Informationen dazu hat *Spiegel-online* am 4. Juni 2012 veröffentlicht:

»Der niederländische Künstler Bart Jansen hat eine etwas ungewöhnliche Art, seiner toten Hauskatze die letzte Ehre zu erweisen: Aus dem abgezogenen Fell des Tieres konstru-

ierte er einen Helikopter. Genauer gesagt einen Quadrocopter. An jede der vier ausgestreckten Pfoten des Katers
montierte der Modellflugpilot Arjen Beltman in seinem
Auftrag einen Rotor, das Ganze ist auf einem Gestell aus
Plastik montiert. ›Respektvoll‹ gegenüber seiner toten Katze sei das, heißt es im Begleittext zu einem Video. Das
Tier mit dem Namen Orville Wright – in Anlehnung an
einen der beiden Wright-Brüder – sei von einem Auto
überfahren worden, und nun sei es ›halb Katze, halb Maschine‹. Zu Lebzeiten war Orville verrückt nach Vögeln,
künftig soll er mit ihnen fliegen können. Orvillecopter
nennt Jansen sein Kater-Kunstwerk. Die Meinungen über
den fliegenden Kater gehen auseinander. Unter dem You-
Tube-Video des ersten Testflugs kommentierte ein Nut-
zer namens JoergDD2DX: ›Ausgestopfte Katze … Bart,
du bist einfach nur pervers, aber kein Künstler!‹ Auch an-
derswo wird geschimpft. In einem Forum für Modellhub-
schrauber schreibt ein User namens Crizz: ›Ich weiß nicht,
was der sich eingeworfen hat, aber irgendwo hört's auch
mal auf. Vielleicht sieht man als Nächstes den Piloten selber zum Quad umgebaut …‹ Auf einer ähnlichen Platt-
form kann ein User diese Aufregung nicht verstehen. ›So
leid es mir auch tut, ich seh da jetzt nichts so Abartiges.
Die Katze war tot und wäre somit sowieso entsorgt worden. So hat sie wenigstens einen letzten Sinn‹, schreibt
er. Auf Twitter resümiert User AndiH gelassen: ›Bevor da
kein ausgestopfter Blauwal als Quadrocopter fliegt, ist das
doch alles Killefitz.‹ Tatsächlich ist die Kunst mit toten
Tieren nichts Neues. Für Faszination und Empörung sorgte schon die Künstlerin Iris Schieferstein; der Fotokünst-
ler Magnus Mohr schuf Werke aus getrockneten toten

Fliegen. Der fliegende Orville ist nun im Rahmen einer Kunstausstellung in der St. Art Gallery in Amsterdam zu sehen. Als Nächstes soll der Orvillecopter einen stärkeren Antrieb bekommen.«

Soweit also der skurrile Sachstand, der viele Fragen aufwirft. Zunächst einmal auf dem Feld der Kunst. Kunst mit toten Tieren ist, wie der Spiegel zu Recht anmerkt, nicht neu. Da wären dann noch ergänzend die Kunstobjekte von Damien Hirst zu ergänzen: beispielsweise sein in Formaldehyd eingelegter Tigerhai mit dem Titel *The Physical Impossibility of Death in the Mind of Someone Living (Die physische Unmöglichkeit des Todes in der Vorstellung eines Lebenden)* aus dem Jahr 1991. Insofern ist der Orvillecopter unter kunstgeschichtlichen Aspekten wohl lediglich als epigonal zu bewerten.

In jedem Fall ist es aber pietätlos, den Leichnam eines geliebten Haustieres in Bargeld umzumünzen.

Können Katzen erben?

Tommasio heißt ein schwarzer Kater in Rom, ein ehemaliger Streuner, der sich über eine Millionenerbschaft freuen konnte. Der *Spiegel* hat diese Geschichte gründlich recherchiert und herausgefunden, dass die verstorbene Witwe eines Bauunternehmers ihrem Kater tatsächlich ein Millionenvermögen an Bargeld und Immobilien vermacht hat. Den Kater hatte sie vor etwa vier Jahren in einem Müllcontainer eines römischen Parks als hilfloses Junges gefunden und zu Hause aufgepäppelt.

Geschichten wie diese gehen immer wieder um die Welt,

und man wundert sich, wie viele reiche Tiere es auf der weiten Welt gibt oder gab. Da waren zum Beispiel die fünfundzwanzig Katzen des Ende Januar 2000 in Lugano verstorbenen O. W. Fischer. Nach einer Meldung im *Hamburger Abendblatt* vom 4. Februar 2004 hatte der Schauspieler ihnen stolze zwölf Millionen Euro vermacht. Bei anderen Tieren ging es um sehr viel mehr Geld. In Kapstadt beispielsweise lebte Kalu. Sie zählte zu den reichsten Geschöpfen unseres Planeten und besaß ein Immobilienvermögen von über sechzig Millionen Euro. Kalu war eine Schimpansin. Doch auch diese unglaubliche Summe wurde noch getoppt – das reichste Tier der Welt treffen wir auf den Bahamas an: Gunther IV. ist ein Schäferhund. Als seine Besitzerin, die deutsche Gräfin Karlotta Liebenstein, 1992 auf den Bahamas verstarb, hinterließ sie dessen Vater (also Gunther III.) nach Berichten zahlreicher Medien sagenhafte fünfundsechzig Millionen Dollar. Diese Nachricht ging allerdings erst durch die Weltpresse, als die Erbverwalter des Schäferhundes im Sommer 2000 für 7,5 Millionen Dollar ein nicht ganz unbekanntes Anwesen erwarben. »Madonnas Luxusvilla wird die nobelste Hundehütte der Welt« titelte damals die *Welt* belustigt. Der offizielle Käufer der Villa, die Gunther Corporation, verwaltete zu diesem Zeitpunkt bereits ein Gesamtvermögen von über zweihundert Millionen Dollar. Gunther IV. – so sein Pressesprecher – würde bei seinen Aufenthalten in Miami im früheren Schlafzimmer der Pop-Diva residieren.

Diese und ähnliche Meldungen vermitteln auf den ersten Blick den Eindruck, als würde den Tieren das Geld tatsächlich gehören – was blanker Unsinn ist. Selbst im Land der unbegrenzten Möglichkeiten können Tiere nicht als

Erben eingesetzt werden. Das gilt erst recht für Deutschland. Zwar hat eine Reform des Bürgerlichen Gesetzbuches in unserem Land 1990 die Rechtsstellung der Tiere, also auch der Haustiere, in einem Punkt entscheidend verbessert, aber das hatte keine Änderung des bis dato geltenden Erbrechts zur Folge. Schon immer galt im Deutschen Recht die Auffassung des alten römischen Rechts, wonach Tiere den Sachen zugerechnet wurden. 1990 wurde im Bürgerlichen Gesetzbuch der § 90a eingeführt. Darin heißt es juristisch knapp: »Tiere sind keine Sachen. Sie werden durch besondere Gesetze geschützt. Auf sie sind die für Sachen geltenden Vorschriften entsprechend anzuwenden, soweit nicht etwas anderes bestimmt ist.« Zwar werden Tiere seitdem nicht mehr als Sachen angesehen, aber der Status einer eigenen Rechtsfähigkeit wird ihnen (noch) nicht zugestanden. Und nur Personen oder Organe (Firmen, Vereine, Stiftungen usw.) mit eigener Rechtsfähigkeit können erben. Tiere dagegen gehören zum Vermögen des Verstorbenen und werden nach wie vor an die Erben vererbt. Tiere können also nach deutschem Recht nicht als Erbe eingesetzt werden. Eine entsprechende testamentarische Verfügung macht sogar das ganze Testament unwirksam.

Um die Versorgung seiner Katze über den eigenen Tod hinaus trotzdem abzusichern, gibt es mehrere Wege, die ein Katzenhalter beschreiten kann. Zum einen kann der Erblasser eine natürliche oder juristische Person als Erben einsetzen und diese durch eine Auflage (§ 1940 BGB) verpflichten, eine artgerechte Versorgung des Tieres zu gewährleisten und diese aus dem Nachlass zu finanzieren. Ebenso kann er einen Erben unter der Bedingung (§ 2075

BGB) einsetzen, die Katze zu versorgen. Hierbei steht der Erbe unter einem größeren Druck, denn wenn er diese Bedingung nicht erfüllt, verliert er das gesamte Erbe. Zur Kontrolle der artgerechten Versorgung und Pflege der Katze kann der Erblasser eine Privatperson seines Vertrauens bestimmen, aber auch einen vom Amtsgericht bestellten Testamentsvollstrecker oder einen Tierschutzverein. Da diese Art der Überwachung in der Praxis nur eine unzureichende Lösung darstellt, ist es wichtig, daß der Erbe mit der Übernahme der Katze grundsätzlich einverstanden ist und eine tiergerechte Pflege gewährleistet werden kann.

Wer seine Katze einer bestimmten Person zukommen lassen will, ohne diese zum Erben zu machen, kann dies in Form eines Vermächtnisses (§ 1939 BGB) tun. Per Vermächtnis kann angeordnet werden, daß die Erben demjenigen, der die Katze weiterversorgt, eine bestimmte Geldsumme ausbezahlen müssen, ebenso kann auch ein Tierschutzverein mit der Versorgung der Katze beauftragt und mit den entsprechenden finanziellen Mitteln ausgestattet werden. Ein Vermächtnis hat den wesentlichen Vorteil, daß der Begünstigte nicht die manchmal notwendige und zeitraubende Einigung einer Erbengemeinschaft über die Aufteilung des Erbes abwarten muss, er kann sein Vermächtnis sofort einfordern. Der Erblasser kann aber auch bereits zu Lebzeiten mit der Person seines Vertrauens einen Schenkungsvertrag schließen.

Hat der Erblasser ein größeres Vermögen, das er seiner Katze und darüber hinaus dem Tierschutz zur Verfügung stellen will, besteht die Möglichkeit, durch sein Testament eine Stiftung von Todes wegen (§ 83 BGB) zu gründen, deren Zweck die lebenslange Versorgung der Katze ist. Da für die Anerkennung einer rechtsfähigen Stiftung eine Mindestkapitalausstattung notwendig ist, sollte neben der Versorgung der Katze noch ein weiterer Zweck, z. B. die Förderung des Tierschutzes, in die Zweckbestimmung der Stiftung aufgenommen werden. Nach den Vorschriften des Stiftungsrechts darf das Stiftungsvermögen zu keinem anderen Zweck als dem der unveränderlichen Stiftungssatzung eingesetzt werden.

Grundsätzlich ist jedem Tierhalter anzuraten, sich Gedanken über den Verbleib seines Tieres oder seiner Tiere zu machen. Denn wenn im Todesfall kein Testament bzw. kein offenkundiger Erbe vorhanden ist, wird das Tier zunächst in das örtliche Tierheim gebracht. Dort verbleibt es, bis die Erbfolge geklärt ist.

Gibt es kriminelle Katzen?

Diese Frage muss mit Ja beantwortet werden, auch wenn kriminelle Katzen sehr rar sind. In Amerika machte jedoch unlängst der Siamkater Dusty Furore: Tagsüber ein Schmusekater, verwandelte er sich nachts in einen Dieb, der in der Nachbarschaft auf Raubzug ging und alles, was sich nicht wehrte (und er tragen konnte), nach Hause schleppte: Schuhe, Handtücher, Mützen, Badehosen, Handschuhe, Schals und vieles andere. Die Menschen, die mit ihm zusammenwohnen, haben seine nächtlich-kleptomanischen Raubzüge mit einer Infrarotkamera dokumentiert und auf YouTube (The Klepto Kitty) öffentlich gemacht.

Wer testet neues Katzenfutter?

Im englischen Waltham leben auf einem weitläufigen Gelände über 300 Katzen, die Katzenfutter testen. Betrieben wird das Anwesen von der amerikanischen Mars Ltd., dem globalen Tierfutterproduzenten mit Niederlassungen in über 80 Ländern. Etwa 200 Tierärzte, Ernährungsphysiologen, Lebensmitteltechnologen und Tierpfleger kümmern sich rund um die Uhr um das Heer der feliden Gourmets, von deren Fressverhalten abhängt, was der Katze weltweit serviert wird. Die deutsche Tochterfirma der Mars Ltd. heißt Masterfoods GmbH und bringt neben Futter für Hunde, Pferde und Vögel die Marken Whiskas, Sheba, Kitekat, Royal Canin und Brekkies auf den Markt. Im niedersächsischen Verden werden zusätzlich bis zu 300 Katzen als Testfresser engagiert, die im Gegensatz zu ihren englischen Kollegen »freiberuflich« arbeiten: Es sind normale Hauskatzen, die von der Firma mit Testfutter beliefert werden. Es wundert nicht, daß der Katzenfutterproduzent Nummer eins so aufwendige Forschungen betreibt, schließlich geht es um einen erheblichen Marktanteil der Tierfutterproduktion: Nach Angaben des Industrieverbandes Heimtierbedarf lebten 2011 in knapp über sechzehn Prozent der deutschen Haushalte Katzen – inzwischen über acht Millionen Tiere, für die im Jahr Katzenfutter im Wert von fast anderthalb Milliarden Euro gekauft wird.

Die Katze macht es den Fertigfutterproduzenten nicht leicht, sie ist ein komplizierter Testfresser: Manche Katze verschmäht jede Neuerung auf dem Speiseplan, die andere dagegen verlangt ständig nach Abwechslung im Futternapf. Während der Hund beim Fressen keine Zeit vertrödelt, prüft die Katze das hingestellte Futter zuerst kritisch mit der Nase. Erst nach dieser Vorprüfung, und natürlich nur, wenn diese positiv ausgefallen ist, schmeckt sie mit der Zunge nach. Und dann entscheidet sich endgültig, ob gefressen oder gemeckert wird.

Wann überflog der erste Kater den Atlantik?

Am 15. Oktober 1910 startete der amerikanische Abenteurer Walter Wellmann mit seiner fünfköpfigen Crew in dem Zeppelin *America* von Atlantic City in Richtung Europa. Der Navigator Murray Simon hatte seinen Kater Kiddo mit an Bord geschmuggelt.

Doch Kiddo behagte die Luftfahrt überhaupt nicht. »Er rannte auf dem Zeppelin herum wie ein Eichhörnchen in einem Käfig«, vertraute Murray Simon seinem Logbuch an. Kiddo schrie so entsetzlich, dass eine Mannschaftsbesprechung anberaumt wurde. Der Chefingenieur Melvin Vaniman bestand darauf, den Kater auf eine das Luftschiff begleitende Barkasse abseilen zu lassen. »Wir müssen Kiddo unter allen Umständen an Bord behalten«, entgegnete der Engländer Murray Simon. »Ohne Kater werden wir kein Glück auf unserer Reise haben.« Doch er konnte sich nicht durchsetzen. Man steckte Kiddo in einen Seesack – in dem er noch mehr tobte – und startete ein waghalsiges Evakuierungsprogramm. Dies misslang jedoch aufgrund der ungünstigen Witterungsbedingungen, und man musste Kiddo wieder an Bord nehmen. Aus dem Seesack befreit fand der Kater jedoch, dass es wesentlich angenehmere Aufenthaltsorte als einen Seesack gab und bewegte sich ab sofort mit der ihm eigenen Eleganz in dem Zeppelin – das überliefert jedenfalls Simon in seinem Logbuch. In seinem Buch *The Aerial Age* (1911) berichtet Walter Wellmann sogar, dass Kiddo es sich zur Schlafenszeit auf seinem Kopfkissen bequem machte. (Vorher hatte der Luftfahrtpionier in dem ersten Funkspruch, der je von einem Luftschiff durchgegeben wurde, noch mitgeteilt, man wolle diese verdammte Katze von Bord schaffen.)

Trotz Kiddos Anwesenheit misslang die Mission. Südöstlich von New York musste die *America* notwassern. Die Crew wurde von dem britischen Dampfer *Trent* aufgenommen. »Niederlage bei unserem Versuch, Europa zu erreichen«, heißt es in Murrays Logbuch. »Aber ein Rekord ist geschafft, auf den wir stolz sein können: Wir sind 1008 Meilen geflogen und waren 72 Stunden in der Luft – und haben Kiddo gerettet!« Kiddo wurde natürlich zum heimlichen Star der gescheiterten Expedition. Er ließ sich im Schaufenster von New Yorks größtem Warenhaus *Gimbels* bewundern, um anschließend bei Walter Wellmans Tochter ein geruhsames Leben aufzunehmen.

Die erste erfolgreiche Atlantiküberquerung mit einem Flugzeug gelang schließlich im Mai 1919, aber da war kein Platz für eine Katze. Die Frage, wann die erste Katze den Atlantik in einem Flugzeug überquert hat, muss bis auf weiteres unbeantwortet bleiben.

Was haben Katzen in Druckereien zu suchen?

In der Frühzeit des Buchdruckes haben Drucker die von ihnen hergestellten Werke mit sogenannten Druckermarken versehen. Das waren verschiedenformatige Signets, die als Urhebernachweis und Qualitätskennzeichen dienten. Die berühmte venezianische Druckerei Sessa nutzte zu diesem Zweck seit etwa 1500 das Motiv der Katze. Die Druckermarke der Sessa zeigt unter einer Krone die Seitenansicht einer getigerten Katze, die hocherhobenen Hauptes eine schwarze Maus im Maul trägt. Dazu bieten sich zwei Deutungen an: Die Verwendung des Motivs der freiheitsliebenden Katze kann als stummer Protest gegen die Tätigkeit der Zensurbehörde verstanden werden, aber auch als Referenz an den Mäusefänger, der die Papier- und Rohbogenlager vor Nagetieren schützt. Vermutlich lassen sich beide Interpretationen so auf einen Nenner bringen: Hinter der harmlosen Darstellung der mäusevertilgenden, Druckerzeugnisse und Papier verteidigenden Katze verbirgt sich ein nur schwer zu verbietender Protest gegen politische Bevormundung.

Drucker hatten übrigens zu allen Zeiten ein sehr positives Verhältnis zur Katze, was niemanden wundert, schließlich haben sie das Papier und die Bücher vor Mäusen beschützt. So heißt es beispielsweise in einem Text des Druckergesellen Nicolas Contat, der 1762 bei dem Druckermeister Jacques Vincent in der Pariser Rue Saint-Séverin gearbeitet hat: »Diese Dame [die Frau seines Meisters] ist leidenschaftlich den Katzen zugetan, wie viele unter den Meistern des Druckerhandwerks. Einer von ihnen hat fünfundzwanzig. Er hat sie porträtieren lassen und füttert sie mit gebratenem Geflügel.«

Gibt es gepiercte Katzen?

Im Februar 2010 bot eine Frau namens Holly Crawford aus dem US-Bundesstaat Pennsylvania auf eBay ein kleines schwarzes Kätzchen mit zwei Metallstäbchen in den Ohren an. Einem weiteren Jungen war ein Piercing durch die Nackenfalte gestochen worden. Beide Katzen wurden als »Gothic Kittens« feilgeboten. Nach einer Anzeige von PeTA, einer internationalen Tierrechtsorganisation, wurde ihr der Prozess gemacht. Die Angeklagte bestritt, die Katzen mit den Piercings gequält zu haben. Beim Prozessauftakt am Bezirksgericht von Luzerne County präsentierten sowohl Crawfords Anwälte als auch Staatsanwalt David Pedri veterinärmedizinische Gutachten zu den Katzen-Piercings. Der Körperschmuck hätte den Kätzchen nicht wehgetan, behauptete der von der Verteidigung engagierte Tierarzt, der den Zustand der Tiere als »eigentlich ganz gut« bewertete. Die Anklage widersprach dem. »Niemand kann für eine Katze sprechen. Ihre Vorwürfe sind nur Spekulation«, meinte Crawfords Anwalt in Richtung der prominenten US-Tierärztin Melinda Merck, die von der Staatsanwaltschaft als Expertin geladen wurde. Merck sagte, die Tiere hätten »höllische Schmerzen« ertragen müssen. Das Kätzchen, dem ein Nagel durch die Nackenfalte gestochen wurde, habe sich fortan so gefühlt, als werde es dauernd gebissen. Die Nackenfalte sei jene Stelle, an der eine Katzenmutter ansetzt, wenn sie die Jungen wegtragen will.

Der Reflex der Jungtiere auf den Biss der Mutter wird als »Tragestarre« bezeichnet und entsteht durch den Druck auf empfindliche Nervenbahnen. Der Prozess entwickelte sich zu einer Art Präzedenzfall: Juristen meinten, es würde in Pennsylvania keine Gesetzeslage für Piercings als Tierquälerei geben, lediglich für Hundekämpfe und Überbeanspruchung von Nutztieren. Crawford selbst erklärte vor Gericht, sie habe die Katzen gepierct, weil sie damit »total niedlich« aussehen würden. Im Juni 2011 ist ein Urteil gegen die Tierquälerin ergangen: sechs Monate Hausarrest wegen Tierquälerei.

Etwa zur selben Zeit ging das Foto einer haarlosen Sphynxkatze um die Welt, auf deren Brust ein Tattoo der Totenmaske des ägyptischen Pharao Tutanchamun prangte. Die russische Besitzerin der Katze hatte Mickey für die Tätowierung stundenlang betäuben lassen. Pressemeldungen zufolge ist es in Russland in Mode gekommen, haarlose Katzen tätowieren zu lassen. Dort scheint sich kein Gericht um derartige Tierquälereien zu kümmern.

Was sagt die Bibel über Katzen?

Es ist immer wieder zu lesen, dass Katzen in der Bibel nicht erwähnt werden. Doch das ist nicht ganz richtig. An mindestens drei Stellen in der Bibel spielen Katzen eine Rolle.

In dem apokryphen Buch *Baruch* heißt es im 6. Kapitel (Verse 19-22): »Es geht ihnen [den falschen Göttern in Babylon] wie einem Balken am Tempel: Ihr Inneres wird, wie man sagt, zerfressen. Sie aber bemerken nicht die Würmer, die aus der Erde kommen und sie selbst samt ihren

Gewändern aufzehren. Ihre Gesichter sind geschwärzt vom Rauch, der im Tempel aufsteigt. Auf ihrem Körper und auf ihrem Kopf lassen sich Fledermäuse, Schwalben und andere Vögel nieder, ebenso auch Katzen. Daran erkennt ihr, dass sie keine Götter sind. Fürchtet sie also nicht!«

Der Prophet Jesaja verkündet im 34. Kapitel seines Buches (Verse 9 und 13-14) ein Strafgericht Gottes über die Edomiten: »Da werden Edoms Bäche zu Pech werden und seine Erde zu Schwefel; ja sein Land wird zu brennendem Pech werden ... und werden Dornen wachsen in seinen Palästen, Nesseln und Disteln in seinen Schlössern; und das wird eine Behausung sein der Schakale ... und Wildkatzen treffen mit Hyänen zusammen, und ein Dämon wird dem andern begegnen.« Wildkatzen lässt sich aber auch allgemein mit Wüstentiere übersetzen. Es ist also nicht klar, ob hier überhaupt Katzen gemeint sind.

Und das 3. Buch Mose (Kapitel 11, Vers 27) listet als unreine, also zum Verzehr verbotene Tiere u. a. auf: »Und alles, was auf Tatzen geht unter den Tieren, die auf vier Füßen gehen, soll euch unrein sein; wer ihr Aas anrührt, wird unrein sein bis auf den Abend.« Katzen sind also nach mosaischer Vorstellung unreine Tiere.

Das sind wahrlich nicht sehr rühmliche Aussagen über Katzen in dem *Buch der Bücher* und deshalb nachvollziehbar, dass bereits die ersten christlichen Theologen mit der Katze auf Kriegsfuß standen.

Können Katzen Klavier spielen?

Nora ist eine grauschwarz getigerte Katze. Sie stammt aus einem Tierheim und lebt mit der Klavierlehrerin Betsy Alexander und dem Fotografen Burnell Yow sowie fünf weiteren Katzen im US-Bundesstaat Philadelphia. Sie ist nach der Malerin und Schriftstellerin Leonora Carrington benannt. Im Alter von etwa anderthalb Jahren sprang Nora zum ersten Mal auf den Klavierhocker, um die Tasten des Instruments zu bedienen. Seitdem spielt sie nahezu jeden Tag auf dem Piano. Besonders gern, wenn Betsy Alexander am anderen Klavier Schüler unterrichtet.

2007 posteten Alexander und Yow ein erstes Video mit der Klavier spielenden Nora auf YouTube, dem weitere folgten. Über 20 Millionen Menschen haben diese Videos angeschaut, Nora wurde zum Superstar. Der litauische Komponist und Dirigent Mindaugas Piecaitis schrieb für Nora ein vierminütiges Orchesterstück, das als *CATcerto* am 5. Juni 2009 mit dem Klaipéda Kammerorchester im ausverkauften Kammermusiksaal der gleichnamigen Stadt uraufgeführt wurde – mit Nora als Solistin, die per Videoübertragung zugeschaltet war.

Das felide Pianowunder ist in mehreren US-Fernsehshows live aufgetreten und ein Musikkritiker der London Times ordnete ihre Musik »zwischen Philip Glass und Free Jazz« ein.

Warum lieben Katzen ihre Feinde?

Das haben fast alle schon einmal erlebt, die mit Katzen zusammenwohnen: Es gibt einen besonderen Anlass, und man hat Freunde und Verwandte zum Essen eingeladen. Während die Gäste nacheinander eintrudeln, sind die Katzen des Hauses je nach Naturell mehr oder weniger unsichtbar. Aber wenn alle eingetroffen sind und sich gesetzt haben, wenn sich also eine gewisse Ruhe und Konzentration über die Menschengesellschaft gelegt hat, dann kommen die Katzen herbei. Und wenn sie in Sichtweite der Menschen sind, spaltet sich die Schar der menschlichen Gäste in zwei Gruppen. Die eine Gruppe begrüßt die Katzen freudig und lautstark, schnalzt mit den Fingern, klopft mit der Hand an ein Stuhlbein oder flach auf den eigenen Oberschenkel – kurz: macht auf sich aufmerksam. Die Mitglieder der anderen Gruppe erstarren vor Angst, weil sie Panik vor Katzen haben, können Katzen nicht ausstehen und übersehen sie demonstrativ oder sind völlig uninteressiert und reden einfach weiter.

Aus Sicht und Gehör der Katze stellt sich die Situation so dar: Ein Teil der Gäste wird plötzlich laut und fuchtelt aufgeregt mit Händen oder gar Armen. Andere Menschen sitzen ruhig auf ihrem Platz und bewegen sich so gut wie gar nicht. Selbst wenn Letztere ausgesprochene Katzenhasser sein mögen: Katzen werden zuerst mit denen Kontakt aufnehmen, die Ruhe ausstrahlen.

Soll man Bauern- und freilaufende Katzen zufüttern?

Das kommt ganz darauf an, was Sie im Sinn haben. Wenn Sie möchten, dass die Katzen Ihren Hof oder Ihr Haus als Revier erster Ordnung, also als ihr Zuhause begreifen, dass sie gern mit Ihnen zusammenleben und auch noch möglichst viele Mäuse fangen – dann ist ein Zufüttern der Katzen unerlässlich. Denn auch satte Katzen fangen Mäuse. Sie folgen dabei ihrem Jagdtrieb, der durch gefüllte Mägen nicht ausgeschaltet wird. Hungrige Katzen hingegen müssen ihr Streifgebiet erheblich ausdehnen, sind länger unterwegs und töten weniger Mäuse auf dem Hof oder am Haus als im weitläufigen Gelände.

Der Weltkatzentag: eine verblüffende Erfindung

Auf einer Liste von Gedenk- und Aktionstagen verzeichnet Wikipedia am 8. August den *Weltkatzentag*. Die Internet-Enzyklopädie bezeichnet ihn als Aktionstag, der seit 2002 international begangen wird und vom *International Fund for Animal Welfare* ausgerufen wurde. Doch erstaunlicherweise findet man weder auf der deutschen noch auf der englischen Homepage der Tierschutzorganisation einen Hinweis auf diesen Aktionstag. Dennoch berichtet die Presse alljährlich an jedem 8. August ausführlich über den Weltkatzentag. Wie kam es zum Weltkatzentag?
Im Frühjahr 2002 lebte eine technische Zeichnerin im pfälzischen Haßloch mit zwei Katzen zusammen und be-

trieb eine schnurrige Homepage. Eines Tages fiel ihr ein, dass es viele großartige Gedenktage gebe: für Mütter, Väter und Kinder, Bier und Bücher, Nichtraucher und Schildkröten – nur eben keinen für Katzen. Also hat sie sich hingesetzt und per Mail eine Umfrage unter ihren Katzenfreunden gestartet. Elf Enthusiasten reichten zehn verschiedene Datumsvorschläge ein. Per Losverfahren wurde schließlich der 8. August als Welttag der Katze ermittelt und verkündet. Dieses Datum sprach sich herum wie ein Lauffeuer, und seitdem wird in jedem Jahr der Weltkatzentag begangen. So einfach kann man heutzutage einen Welttag erfolgreich etablieren ...

In Amerika existieren übrigens zwei Katzentage. Der *Spay Day* (Kastrations-Tag) wurde 1994 von Doris Day begründet und findet an jedem letzten Dienstag im Februar statt. Es ist ein Tag, der die Notwendigkeit von Kastrationen an Haustieren bewusst machen soll, um unerwünschte Überpopulationen einzudämmen. Und am 29. Oktober wird seit 2005 der *National Cat Day* begangen. Dieser Tag wurde von der Autorin Colleen Paige ins Leben gerufen.

Katzenbilder in Museen des deutschsprachigen Raums

Baden | Museum Langmatt | Jean-Honoré Fragonard: *Junges Mädchen liebkost eine Katze* (1770) | Öl auf Leinwand | ⟨www.langmatt.ch⟩
Baden-Baden | Museum Frieder Burda | Max Beckmann: *Stilleben mit Katzen* (1917) | Öl auf Leinwand | ⟨www.sammlung-frieder-burda.de⟩

Basel | Kunstmuseum | Jan Steen: *Die Lesestunde* (1663) | Öl auf Holz | ⟨www.kunstmuseumbasel.ch⟩

Berlin | Museum Berggruen | Alberto Giacometti: *Katze* (1951) | Bronze | ⟨www.smb.spk-berlin.de⟩

Berlin | Brücke-Museum | Max Kaus: *Rückenakt mit Katze* (1926) | Öl auf Leinwand | ⟨www.bruecke-museum.de⟩

Berlin | Berlinische Galerie | Hanna Höch: *Kubus* (1926) | Öl auf Leinwand | ⟨www.berlinischegalerie.de⟩

Berlin | Nationalgalerie | Antoine-Louis Barye: *Sitzende Hauskatze* (um 1870) | Bronze | ⟨www.smb.spk-berlin.de⟩

Berlin | Kunstbibliothek | Théophile-Alexandre Steinlen: *Chat Noire* (1886) | Farblithographie | ⟨www.smb.spk-berlin.de⟩

Berlin | Gemäldegalerie | Pieter Brueghel d. Ä.: *Flämische Sprichwörter* (1559) | Öl auf Leinwand | ⟨www.smb.spk-berlin.de⟩

Bern | Zentrum Paul Klee | Paul Klee: *Ältere Katze* (1939) | Bleistift auf Papier auf Karton | ⟨www.paulkleezentrum.ch⟩

Bielefeld | Kunsthalle | Richard Haizmann: *Große schwarze Katze* (1927) | Schwarzpoliertes Teakholz | ⟨www.kunsthalle-bielefeld.de⟩

Bönnigheim | Museum Charlotte Zander Schloß Bönnigheim | Max Raffler: *Katzenballett* (o. D.) | Wasserfarben und Bleistift auf Papier | ⟨www.sammlung-zander.de⟩

Chur | Bündner Kunstmuseum | Ernst Ludwig Kirchner: *Weißes Haus in Wiesen* (1920) | Holzschnitt | ⟨www.buendner-kunstmuseum.ch⟩

Darmstadt | Hessisches Landesmuseum | Martin Kippenberger: *Tiefe Blicke* (um 1985) | Acryl auf Leinwand | ⟨www.hlmd.de⟩

Dortmund | Museum am Ostwall | Ernst Ludwig Kirch-

ner: *Grauer Kater mit Kissen* (1919/20) | Öl auf Leinwand |
⟨www.museumamostwall.de⟩

Düren | Leopold Hoesch-Museum | Max Pechstein: *Liegender Rückenakt* (1911) | Öl auf Leinwand | ⟨www.leopold hoeschmuseum.de⟩

Düsseldorf | museum kunst palast | Franz Radziwill: *Frau zwischen roten Stühlen* (1924) | Öl auf Leinwand | ⟨www.mu seum-kunst-palast.de⟩

Duisburg | Stiftung Wilhelm Lehmbruck Museum | Heinrich Campendonk: *Der sechste Tag* (1914) | Öl auf Leinwand | ⟨www.lehmbruckmuseum.de⟩

Emden | Kunsthalle | Hanns Ludwig Katz: *Miss Mary* (1926) | Öl und Tempera auf Karton auf Sperrholz | ⟨www.kunst halle-emden.de⟩

Flensburg | Städtisches Museum | Johann Heinrich Wilhelm Tischbein: *Großvater im Kreis seiner Familie* (1811) | Öl auf Holz | ⟨www.flensburg-online.de/az/az-museums berg.html⟩

Frankfurt am Main | Städelmuseum | Max Beckmann: *Frankfurter Hauptbahnhof* (1942) | Öl auf Leinwand | ⟨www.stae delmuseum.de⟩

Friedrichshafen | Zeppelin Museum | Otto Dix: *Katze im Mohnfeld* (1968) | Farblithographie | ⟨www.zeppelin-mu seum.de⟩

Halle | Stiftung Moritzburg | Franz Marc: *Die weiße Katze* (1912) | Öl auf Karton | ⟨www.moritzburg.sachsen-anhalt. de⟩

Hamburg | Kunsthalle | Fernand Léger: *Frau mit Katze* (1921) | Öl auf Leinwand | ⟨www.hamburger-kunsthalle. de⟩

Hannover | Niedersächsisches Landesmuseum | Lovis Corinth: *Wilhelmine mit Katze* (1924) | Öl auf Leinwand | ⟨www.landesmuseum-hannover.niedersachsen.de⟩

Hannover | Sprengel Museum | Franz Marc: *Katze unter einem Baum* (1910) | Öl auf Leinwand | ⟨www.sprengel-museum.de⟩

Karlsruhe | Staatliche Kunsthalle | Moritz von Schwind: *Die Katzensymphonie* (1869) | Feder und Pinsel | ⟨www.kunsthalle-karlsruhe.de⟩

Kassel | Gemäldegalerie | Rembrandt: *Heilige Familie* (1645) | Öl auf Holz | ⟨www.museum-kassel.de⟩

Köln | Museum Ludwig | Otto Mueller: *Zigeuner mit Katze* (1927) | Öl auf Leinwand | ⟨www.museum-ludwig.de⟩

Leipzig | Museum der bildenden Künste | August Gaul: *Katze* (1901) | Bronze | ⟨www.mdbk.de⟩

Marburg | Marburger Universitätsmuseum für Kunst und Kulturgeschichte | Pol Cassel: *Katze mit Jungem* (1921) | Aquarell, Kreide, Bleistift | ⟨www.uni-marburg.de/uni-museum⟩

Mülheim an der Ruhr | Kunstmuseum | Heinrich Campendonk: *Die kleine Katze* (1914) | Öl auf Leinwand | ⟨www.kunstmuseum.mh.de⟩

München | Städtische Galerie im Lenbachhaus | Wassily Kandinsky: *Die schwarze Katze* (um 1907) | Holzschnitt | ⟨www.lenbachhaus.de⟩

München | Münchner Stadtmuseum | Julius Adam II.: *Katzenfamilie* (1882) | Öl auf Leinwand | ⟨www.stadtmuseum-online.de⟩

München | Pinakothek der Moderne | Georg Schrimpf: *Stilleben mit Katze* (1923) | Öl auf Leinwand | ⟨www.pinakothek.de/pinakothek-der-moderne⟩

München | Neue Pinakothek | Paul Gauguin: *Geburt Chris-*

ti, des Gottessohnes (1895-96) | Öl auf Leinwand | ⟨www.pi
nakothek.de/neue-pinakothek⟩

München | Alte Pinakothek | Hans Baldung Grien: *Frau-
engestalt mit Gesangbuch, Geige und Katze* (1525) | Öl auf
Holz | ⟨www.pinakothek.de/alte-pinakothek⟩

München | Staatliche Graphische Sammlung | Franz Marc:
Zwei Katzen (1908) | Zeichnung | ⟨www.sgsm.eu⟩

Murnau | Schloßmuseum | Gabriele Münter: *Der Schreck*
(1926) | Öl auf Leinwand | ⟨www.schlossmuseum-murnau.
de⟩

Nürnberg | Germanisches Nationalmuseum | Claes Jansz
Visscher: *Allegorie auf die Papisten, Lutheraner und Calvinis-
ten* (um 1570) | Kupferstich | ⟨www.gnm.de⟩

Oldenburg | Landesmuseum für Kunst- und Kulturge-
schichte | Franz Radziwill: *Die neue Straße* (1921/22) | Öl
auf Leinwand auf Holz | ⟨www.landesmuseum-oldenburg.
niedersachsen.de⟩

Osnabrück | Felix-Nussbaum-Haus | Felix Nussbaum: *Bild-
nisgruppe* (1930) | Öl auf Leinwand | ⟨www.osnabrueck.de/
10 508.asp⟩

Passau | Oberhausmuseum | Hans Wimmer: *Zwei Katzen,
Schach spielend* (1976/78) | Bronze | ⟨www.oberhausmu
seum.de⟩

Rostock | Kulturhistorisches Museum | Hendrik Valken-
burg: *Inneres eines Bürgerhauses* (spätes 19. Jh.) | Öl auf
Holz | ⟨www.rostock.de⟩

Salzburg | Residenzgalerie | Frans Pourbus d. Ä.: *Adam und
Eva und ihre Söhne* (um 1570) | Öl auf Holz | ⟨www.residenz
galerie.at⟩

Schwerin | Staatliches Museum | Adriaen Brouwer: *Schlacht-
fest* (1635) | Öl auf Holz | ⟨www.museum-schwerin.de⟩

Stuttgart | Staatsgalerie Stuttgart | Lovis Corinth: *Junge Frau mit Katzen* (1904) | Öl auf Leinwand | ⟨www.staatsgale rie.de⟩

Wien | Kunsthistorisches Museum | Jan Cornelisz Vermeyen: *Die Heilige Familie am Feuer* (um 1532-33) | Öl auf Holz | ⟨www.khm.at⟩

Wien | Museum für angewandte Kunst | Carl Frederik Liisberg: *Katze* (1896) | Porzellan | ⟨www.mak.at⟩

Wien | Leopold Museum | Ferdinand Georg Waldmüller: *Der Abschied des Conscribierten* (1854) | Öl auf Holz | ⟨www. leopoldmuseum.org⟩

Wiesbaden | Museum Wiesbaden | Ludwig Knaus: *Die Katzenmutter* (1856) | Öl auf Leinwand | ⟨www.museum-wies baden.de⟩

Wolfenbüttel | Herzog August Bibliothek | Andreas Herneisen: *Hans Sachs, porträtiert von Herneisen* (1574) | Öl auf Holz | ⟨www.hab.de⟩

Wuppertal | Von der Heydt-Museum | Jankel Adler: *Angelika* (1923) | Öl auf Leinwand | ⟨www.von-der-heydt-mu seum.de⟩

Zürich | Graphische Sammlung der ETH | Felix Vallotton: *Die Flöte* (1896) | Holzschnitt | ⟨www.gs.ethz.ch⟩

Zürich | Kunsthaus | Henry Rousseau: *Porträt Pierre Loti* (1891) | Öl auf Leinwand | ⟨www.kunsthaus.ch⟩

Die Katze in unserer Sprache

Katzenbuckel

Eine buckelnde Katze steht in Abwehr oder sie umstreicht schnurrend die Beine des Menschen, um Zuwendung oder Nahrung zu erlangen. Dieses Schmeicheln hat als Unterwürfigkeit (»buckeln«) in unseren Sprachschatz Eingang gefunden: »Wenn ich ihm doch eins auf den Katzenbuckel geben dürfte!«, heißt es in Lessings *Minna von Barnhelm* über einen heuchlerischen Wirt.

Katzengedächtnis

Damit ist ein kurzes oder auch schlechtes Gedächtnis angesprochen. Der Begriff geht zurück auf die Volksmeinung, nach der Katzen als undankbare Tiere gelten, die eine erwiesene Wohltat bald vergessen. Der aufmerksame Beobachter weiß dagegen: Katzen haben ein sehr gutes Gedächtnis.

Katzengold

Gemeint ist hiermit unechtes Gold. »Katze« als Synonym für »falsch« taucht in vielen Wörtern auf, so in Katzenglas, Katzenglaube, Katzenerz usw.

Katzensprung

Ursprünglich abwertende Bezeichnung für eine kurze Wegstrecke. Man übersieht dabei, dass eine Katze im Sprung ein Mehrfaches ihrer Körperlänge zurücklegen kann und in dieser Hinsicht dem Menschen weit überlegen ist.

Geldkatze

Vermutlich hat diese alte Bezeichnung für Geldbeutel ihren Ursprung darin, dass Katzenfelle zu ihrer Herstellung verwendet wurden.

Katzenwäsche

Eine der für Katzenfreunde unbegreiflichsten Wortschöpfungen: weiß man doch, wie viel Sorgfalt und Zeit Katzen für die eigene Körperpflege verwenden. Der abschätzige Begriff für eine nur oberflächliche Körperreinigung bezieht sich zweifellos darauf, dass Katzen für ihre Wasserscheu sprichwörtlich bekannt sind.

Katzenmusik

»Das eigentümliche Geschrei der Katzen ist nicht das angenehmste, daher nennt man eine tolle, unharmonische Musik figürlich eine Katzenmusik«, heißt es in einem Lexikon von 1786. Im frühen Mittelalter dagegen bezeichnete man damit noch eine laute Musik, die zu Ehren eines Hochzeitspaares aufgespielt wurde.

Katzensteig

Ein steiler, schmaler Pfad, der oft am Abgrund gelegen nur schwer zu gehen ist, wird in den Hochgebirgsregionen als Katzensteig bezeichnet.

Katzen im Weißen Haus

George Washington (1732-1799, Präsident von 1789-1797)
Der erste Präsident der USA baute seiner Katze eigenhändig eine Katzentür ein, allerdings nicht im Weißen Haus, das wurde erst ein Jahr nach seinem Tod bezugsfertig, sondern in seinem Gut Mount Vernon in Virginia.

Abraham Lincoln (1809-1865, Präsident von 1861-1865)
Zur Zeit des amerikanischen Bürgerkrieges fand Lincoln im Winterlager von General Grant drei fast erfrorene Kätzchen – und nahm sie mit ins Weiße Haus.

Rutherford Hayes (1822-1893, Präsident von 1877-1881)
Hielt sich im Weißen Haus die ersten Siamesen, die nach Amerika importiert wurden, und vier weitere Katzen.

Theodore Roosevelt (1858-1919, Präsident von 1901-1909)
Aus Katzensicht war Roosevelt einer der bedeutendsten Präsidenten Amerikas. Er lebte mit dem Kater Tom Quarz und der Katze Slippers zusammen. Slippers war bei vielen Staatsbanketten anwesend und legte sich einmal anlässlich eines Empfanges auf den roten Teppich, der zum Bankettsaal führte. Roosevelt machte einen Bogen um die Katze und die internationale Diplomatie folgte seinem Beispiel. Tom Quarz lieferte sich zahllose Scharmützel mit Jack, dem Hund des Präsidenten. Darüber hat sich Roosevelt in einigen Briefen sehr ausführlich geäußert.

Calvin Coolidge (1872-1933, Präsident von 1923-1929)
Seine Katzen hießen Tiger (eine getigerte Hauskatze), Blacky und Blaze. Als Tiger einmal länger als üblich fernblieb, wurde eine Vermisstenmeldung im Rundfunk durchgegeben. Nachdem er zurückgekehrt war, erhielten Coolidges Katzen Halsbänder mit der Gravur »Weißes Haus«.

John F. Kennedy (1917-1963, Präsident von 1961-1963)
Seine Tochter Caroline brachte den Kater Tom Kitten mit ins Weiße Haus. Als sie einmal nach den Ferien mit dem Kater zurückkehrte, gab der Sprecher des Präsidenten dies als Nachricht auf der täglichen Pressekonferenz bekannt – woraufhin die Journalisten sich fast ausschließlich nach dem Befinden des Katers erkundigten.

Gerald Ford (1913-2006, Präsident von 1974-1977)
Während seiner Amtszeit zog wieder eine Siamesin ins Weiße Haus ein, Shan, die Katze seiner Frau Susan.

Jimmy Carter (1924, Präsident von 1977-1981)
Die Frau von Jimmy Carter brachte ebenfalls eine Siamkatze ins Weiße Haus mit: Yin Yan.

Bill Clinton (1946, Präsident von 1993-2001)
Schon nach Clintons Wahl zum Präsidenten, also noch vor seinem Einzug ins Weiße Haus, avancierte der schwarzweiß gefleckte Kater Socks zum Medienstar und zum berühmtesten Präsidentenkater aller Zeiten. Im November 1992 erschien Socks auf den Titelseiten so vieler Zeitungen, dass Bill Clintons Pressesprecher um mehr »Feingefühl« bat. Als die Präsidentenfamilie dann schließlich ins

Weiße Haus zog, verordnete Socks' Tierarzt zunächst dessen Verbleib in Little Rock, dem privaten Domizil der Clintons – der Kater sollte nicht noch einmal so schnell dem Blitzlichtgewitter der Fotografen ausgesetzt werden. Als Socks später auf geheimen Wegen ins Weiße Haus gebracht worden war, fragten unzählige Anrufer im Weißen Haus nach, wie der Kater das Umzugstrauma verwunden hatte. Bald wurde Socks so unternehmungslustig, dass der Sicherheitsdienst ein Problem bekam. »Sobald sich Socks jenseits des Gartenzauns auf der Pennsylvania Avenue befindet, hat er keinerlei Anrecht auf Begleitschutz«, hieß es enerviert aus Geheimdienstkreisen. Socks wurde sogar Gegenstand einer längeren Debatte im Kongress.
Und falls Hillary Clinton zur 44. und gleichzeitig ersten Präsidentin der Vereinigten Staaten gewählt wird, kann Socks als erster Kater der Geschichte zum zweiten Mal ins Weiße Haus einziehen

George W. Bush (1946, Präsident von 2001-2008)
Zog mit dem schwarzen Kater India ins Weiße Haus – da ist man glatt versucht, sich an die Katze als Unglücksbote zu erinnern.

Die Hauptstadt der Katzen

Sarawak ist ein selbstständiger Bundesstaat der malaiischen Konföderation, sein Territorium liegt an der Nordküste der Insel Borneo, die 1839 gegründete Hauptstadt heißt Kuching. Kuching ist das malaiische Wort für Katze. Es wird erzählt, dass der Name der Hauptstadt aus einem

Missverständnis heraus entstanden ist. Danach soll James Brooke, der erste weiße Herrscher von Sarawak, bei seiner Ankunft an der Stelle der heutigen Hauptstadt einen Einheimischen nach dem Namen des Ortes gefragt haben. In diesem Moment lief eine Katze über die Straße, und der Einheimische dachte, Brooke frage ihn nach dem malaiischen Wort für Katze. Deshalb bekam er »Kuching« zur Antwort. So soll der vormals namenlose Küstenflecken zu seiner Bezeichnung gekommen sein. Andere berichten von vielen wilden Katzen, die früher in dieser Gegend streunten, und die der Stadt den Namen gegeben haben.

Wie dem auch sei: Kuching macht ihrem Namen alle Ehre – obwohl man darüber, wenn man den Berichten vieler Besucher folgt, sehr unterschiedlicher Meinung sein kann. An zahllosen Ecken und Plätzen der Stadt stehen überdimensionierte Katzenstatuen, meist aus Beton, weiß oder bunt angemalt, die von der Mehrzahl der Besucher als ästhetisch umstritten empfunden werden – um das einmal zurückhaltend zu formulieren. Dieses Urteil gilt auch für die Hauptsehenswürdigkeit der Stadt: das auf einem Hügel erbaute Katzenmuseum. Der Journalist Michael Lenz berichtete darüber in der *Berliner Zeitung* vom 27. November 2007: »Man betritt das architektonisch zwischen Raumkapsel und Moschee angesiedelte Museum durch ein riesiges Katzenmaul. Gleich dahinter hocken zwei alptraumgroße Katzen in den traditionellen Kostümen der Malaien.« Im Museum selbst findet man neben zahllosen Katzenfiguren aller Provenienzen, Katzenfutter in Dosen, Katzenpflegeutensilien, Katzentoiletten, Werbe- und Filmplakate, malaiische Sprichwörter und Cartoons sowie eine Portrait-Galerie berühmter Katzenliebhaber: Queen Victoria, Ernest Hemingway, Anne Frank und Ursula Andress, um nur einige zu nennen. Einzelne Abteilungen informieren »über die Naturgeschichte der Katzen, Katzenpflege, Katzenbücher oder Katzen auf Briefmarken. Und man erfährt etwas über die Rolle der Katzen in Religionen«.

Auch wenn sich viele Besucher über dieses Museum mokieren (»Mehr Kitsch geht nicht. Wenn man etwas in Kuching nicht gesehen haben muss, dann dieses Museum«, heißt es in einem Reisebericht von Christoph Risch auf der Homepage der *Verlagsgruppe Rhein Main* vom 7. Juli 2007) – für Katzenfreunde wird sich diese Kuriosität in jedem Fall lohnen. Weshalb sollte man sie beim Besuch der Hauptstadt der Katzen links liegen lassen?

Über den Wert der Katze in der Neuen Welt

In Nordamerika wiederholte sich ein Phänomen, das schon bei der Eroberung Mittel- und Südamerikas durch die Spanier zu beobachten war. Die Seltenheit der domestizierten Katze in den neuen Kolonien steigerte ihren Wert bis ins Phantastische. So sollen die Conquistadoren für jede mitgebrachte Katze deren Gewicht in Gold ausbezahlt haben.

Auch für die Goldsucher in Kalifornien waren Katzen in der Mitte des 19. Jahrhunderts lebenswichtige Helfer. Die zahllosen Schürfer brachten zwar viele Nuggets zutage, aber ihre Lebensmittelvorräte wurden ihnen von Mäusen weggefressen. Da gingen Katzen erneut für schwere Batzen über den Ladentisch. Vor allem dann, wenn es sich um Katzen handelte, die selbst eine Nase für die Suche nach Gold zu haben schienen. Von einer derartigen Katze berichtet Mark Twain in *Durch Dick und Dünn*, dem Bericht einer Reise durch Amerika. Im kalifornischen Tuolumne, etwa 150 Kilometer östlich von San Francisco, traf er um 1880 (?) den unverdrossenen Goldsucher Dick Baker, der ihm von seinem Kater erzählte: »Wissen Sie, ich hab hier mal 'ne Katze gehabt, die hieß Tom Quarz, die hätte Sie vielleicht interessiert, ich meine – hätte fast jeden interessiert. Hab sie hier acht Jahre gehabt – die phantastischste Katze, die ich jedenfalls gesehen hab. War 'n großer schwarzer Kater, mein Tom Quarz, mit mehr Menschenverstand wie jeder hier im Camp . . . Sein ganzes Leben lang hat er keine Ratte gefangen – war ihm nicht fein genug. Ihn hat nichts weiter reizen können wie's Goldgraben. Da wusste er mehr drüber, dieser Kater, wie alle Leute, die ich überhaupt kenne. Übers Seifengraben [Trennen von Gold und Sand durch Aussieben] konnte ihm keiner mehr was vormachen – und für Nester [konzentriertes Goldvorkommen an einer Stelle], Mann, dafür war er richtiggehend geboren. Hat hinter Jim und mir hergebuddelt, wenn wir über die Hügel schürfen waren und ist ganze fünf Meilen hinter uns hergetrottet, wenn wir so weit gegangen sind. Und hat den allerbesten Riecher gehabt für Boden mit was drin – so was haben Sie einfach noch nicht gesehen.« Angesichts dieser Berichte und Dokumente wundert es nicht, dass sich der Handel mit Katzen im Wilden Westen zu einem lukrativen Geschäft entwickelte. Dazu trug auch ein ausgeklügeltes Prämiensystem bei, das jeden abgelieferten Ratten-, Mäuse- und auch Eichhörnchenschwanz finanziell belohnte. Eine fleißige Katze konnte also wesentlich dazu beitragen, ihre eigenen Anschaffungskosten zu refinanzieren.

Katzen, Hexen und die Pest

Im mittelalterlichen Kampf der Kirche gegen Hexen und Katzen spielte die Pest eine wesentliche Rolle. Aus Mangel an medizinischem Wissen machte man dämonische Mächte für das Wüten der Pest verantwortlich – die Katze als Inkarnation Satans galt als Ursache der Seuche. Der Bußprediger Berthold von Regensburg bezichtigte in dieser Zeit die Katze der Unreinheit: »Der Atem, der aus ihrem Halse geht, ist die Pest; und wenn sie Wasser trinkt und es fällt eine Träne aus ihren Augen, so ist die Quelle verdorben: Jeder, der fortan aus ihr trinkt, erfährt den gewissen Tod.« Der Glaube an diese uns heute als barer Unsinn erscheinende Erklärung kostete Millionen das Leben. Man wusste damals nicht, dass in den Hochsteppen Zentralasiens bereits seit Menschengedenken unter den wildlebenden Nagern ein permanenter Pestherd existierte, der immer wieder durch Wander- und Hausratten nach Europa getragen wurde. So auch in der Zeit von 1347 bis 1352, der schlimmsten europäischen Pestepidemie. Es entstanden nahezu »katzenlose« Landstriche, in denen sich fatalerweise Ratten und Mäuse – die eigentlichen Träger der Pestbakterien – ungehindert verbreiten und die in dieser Zeit unheilbare Krankheit auf den Menschen übertragen konnten. Menschliche Unwissenheit wurde selten so fürchterlich bestraft: Schätzungsweise 25 Millionen Menschen fielen dem »Schwarzen Tod« zum Opfer, ungefähr ein Drittel der damaligen Bevölkerung Europas!

Beschriebene und gezeichnete Wildwest-Katzen

In Wildwest-Romanen sind Katzen wirklich selten zu finden. Der zweimal verfilmte Western *True Grit* von Charles Portis aus dem Jahr 1968 ist also eine echte Ausnahme. Darin spielt eine dicke Tigerkatze namens General Sterling Price zwar nur eine Nebenrolle, ist aber als Rarität erwähnenswert. Der Roman spielt in Fort Smith an der Grenze von Arkansas zu Oklahoma um 1870. Mattie Ross, ein 14-jähriges Mädchen, kommt in die Stadt. Sie will den Mörder ihres Vaters finden und zur Rechenschaft ziehen, der sich in einem Indianergebiet in der Nähe der Stadt versteckt hält. Ein dem Alkohol zugeneigter US-Marshall, Rooster Cogburn, erklärt sich schließlich bereit, den Mörder aufzuspüren – und kassiert dafür ein ordentliches Honorar. General Sterling Price und der Marshall leben zusammen im Hinterzimmer eines Lebensmittelladens, der von dem Chinesen Chen Lee betrieben wird. Vor ihrem Aufbruch in das Indianergebiet schildert der Roman, wie die Katze mit Milch und Essensresten gefüttert wird, dass sie am Fußende des Bettes von Rooster Cogburn schläft und ihn anfaucht, wenn er ruckartig aufsteht.

In der Verfilmung mit John Wayne als Rooster Cogburn aus dem Jahr 1969 (John Wayne wurde für seine Rolle mit dem Oscar ausgezeichnet) unterhalten sich Mattie Ross und der Marshall, als sie nachts auf ein paar Banditen warten. Rooster Cogburn erzählt von seiner Frau, die ihn verlassen hat.

»Und jetzt haben Sie niemanden mehr, bis auf Chen Lee und die kleine Katze?«, fragt Mattie Ross.

»Nun, General Sterling Price gehört mir nicht«, antwortet der Marshall, »wir sind nur gute Freunde. Er wohnt bei mir, und ich hänge auch sehr an ihm.«

Wie sehr Rooster an General Sterling Price hängt, wird noch einmal zum Schluss des Romans deutlich, als der Marshall seinen Kater mitnimmt auf die lange Reise nach Texas, wo er eine Anstellung als Weide-Detektiv gefunden hat.

Auch im Comic hat die Wildwest-Katze ihre Spuren hinterlassen. 1971 erschien die französische Ausgabe der Comic-Geschichte *Ma Dalton* aus der Serie *Lucky Luke*. Auch wenn die Schöpfer des Westernhelden, Morris und Goscinny, nie behauptet haben, mit Lucky Luke ein realistisches Bild des Wilden Westens gezeichnet zu haben, wimmelt es in den Heften von historischen Personen, Orten und Ereignissen. Obwohl die Geschichten fiktiv waren, basierten sie auf historischen Fakten.

In *Ma Dalton* spielt Sweetie, die schwarzweiße Katze der Mutter der Geschwister Dalton, eine Hauptrolle. (Sweetie hat übrigens als Plastikfigur inzwischen eine eigene Karriere gemacht.) In dem Comic, der im Jahr 1880 angesiedelt ist, wird vor allem die enge Beziehung zwischen Ma Dalton und Sweetie dargestellt. Auf vielen Bildern des Heftes trägt Ma Dalton ihre Katze auf dem Arm. Sie redet mit ihr, verteidigt sie gegen den geistig ständig überforderten Spürhund Rantanplan und ist untröstlich, als Sweetie plötzlich verschwindet. Beim trauten Zusammensein mit ihren Söhnen nach einem erfolgreichen Bankeinbruch seufzt sie: »Ach, jetzt fehlt nur noch Sweetie.« Und sie ist überglücklich, als Sweetie Tage später überraschend auftaucht: »Sweetie ist wieder da! Wir können jetzt weg, Kinder!« Nun können die Bankräuber endlich vor Lucky Luke flüchten. Eine jahrmarktähnliche große Verkaufsschau im Städtchen Cactus Junction plakatiert ausdrücklich den Verkauf von Katzenartikeln, was angesichts des Wertes und der Bedeutung der Katze im Wilden Westen nicht verwundert. Die Daltons beschließen dann auch gleich, ein Kissen für Sweetie zu kaufen, was allerdings zu ihrer Verhaftung führt. Ma Dalton kann jedoch entkommen – mit ihrer Katze. Sweetie ist übrigens ein ausgesprochener Feinschmecker. Ihr werden nur beste Innereien vorgesetzt. Und bei der Qualität der Innereien versteht Ma Dalton keinen Spaß:

Der Metzger: »Na, Ma Dalton, was darf's denn heute sein?«

Ma Dalton: »Ein schönes Steak, und vergiss nicht die Innereien für meine Katze, sonst mach ich dich kalt wie dein Fleisch.«

Danksagung

Dieses Buch verdankt sich der vieljährigen Lektüre zahlreicher Bücher von Autorinnen und Autoren, die sich Katze und Kater verbunden fühlen und über sie geschrieben haben. Sie alle hier zu nennen, würde den Rahmen dieser Danksagung sprengen.

Namentlich bedanken möchte ich mich an dieser Stelle aber bei den Kolleginnen und Kollegen, die wie ich oft jahrelang über die Katze geforscht und ihre Ergebnisse dazu publiziert haben. Ihren Büchern konnte ich auch für diese Publikation zahlreiche Anregungen entnehmen: Christabel Aberconway, Caroline Alexander, Dörthe Binkert, Laurence Bobis, Anna Cavelius, Robert Darnton, Helga Dudman, Elisabeth Foucart-Walter, Johanna Fürstauer, Jean-Louis Hue, Britta Jürgs, Val Lewis, Paul Leyhausen, Desmond Morris, Katharine M. Rogers, Pierre Rosenberg, Gerald Sammet, Giulio Siro, Carl van Vechten, Gerhart Waeger, Ehm Welk und Stefano Zuffi.

Ein immerwährender Kalender für alle Katzenfreunde

»Wenn Gott Mensch werden konnte, kann er auch Katze werden.« *Robert Musil*

Der unverzichtbare Jahresbegleiter für alle Katzenfreunde: *Mit Katzen durch das Jahr* regt täglich zum Nachdenken an: durch sorgfältig ausgewählte Zitate aus der Weltliteratur sowie Anekdoten und Fakten über außergewöhnliche Ereignisse rund um die Katze – oder um Menschen, die Katzen in besonderer Weise verbunden waren. Mit einer wöchentlichen Kolumne kurzer Texte über wesentliche Stationen des Wegs der Katze durch die Welt entsteht über den Lauf des Jahres eine kleine Geschichte der Feliden. Ergänzt wird all dies mit wunderbaren Fotografien von Isolde Ohlbaum, die die Vierbeiner in herrlichen Bildern in Szene zu setzen weiß. Ein ebenso praktischer wie unterhaltsamer Begleiter durchs ganze Jahr!

Mit Katzen durch das Jahr. Ein immerwährender Kalender. Herausgegeben von Detlef Bluhm. Mit Fotografien von Isolde Ohlbaum. insel taschenbuch 4250. 320 Seiten

**Das optimale Buch für jeden,
der Katzen liebt und alles und noch
etwas mehr über sie erfahren
möchte**

»Legen Sie sich gemütlich zu Ihrer Katze aufs Sofa und ent-
spannen Sie! Denn vielleicht ist *Das große Katzenlexikon* das
erste Nachschlagewerk, das Sie von A bis Z durchlesen. Nach
350 Seiten Lektüre, mit faszinierenden Fotos und Zeichnungen, wissen Katzenfreunde, was sie schon immer ahnten:
Ohne Katzen wäre die Welt eine andere und eine ärmere.«
(Ingrid Backes, Deutsche Welle)
Das große Katzenlexikon bietet über 300 Stichwörter und
zehn umfangreiche Schlüsselbegriffe, beispielsweise die erste
Geschichte der Katze im Comic. Zahlreiche Abbildungen il-
lustrieren diese rare Fundgrube feliden Wissens, in der (fast)
die ganze Welt der Katze abgebildet wird. Detlef Bluhm hat
ein das Bisherige weit überragendes, spannend und witzig er-
zähltes Lexikon verfasst, in dem auf jeder Seite selbst für den
Kenner Überraschungen und neue Erkenntnisse lauern.

Detlef Bluhm, Das große Katzenlexikon
insel taschenbuch 3653. 360 Seiten

»Frauen sind wie Katzen: Beide kann man nur zwingen, das zu tun, was sie selber mögen.« *Colette*

Frankreichs berühmteste Harfenistin nimmt bei ihren Katzen Musikunterricht, eine römische Dichterin gibt das erste Katzenporträt der Kunstgeschichte in Auftrag, eine Autorin aus der Schweiz reist mit ihrer Katze 3500 Kilometer von Südindien nach Tibet – diese Anthologie erzählt von der besonderen Beziehung zwischen Katzen und Frauen.

Von Katzen und Frauen. Ausgewählt von Detlef Bluhm. insel taschenbuch 4212. 172 Seiten

**Ein Geschenkbuch – nicht nur
für Katzenfreunde**

»Die Katze kennt ihre Aufgabe in der Menschenwelt sehr genau: sie macht das Alleinsein erträglich, sie verzeiht uns und
kann uns so viel lehren: nicht als Kindersatz, nicht als Freund-
ersatz, einfach als Katze.«
Eva Demskis Katzengeschichten zeigen die Katze, wie sie ist:
listig, wachsam, hungrig, schmusig, intelligent und immer auf
der Hut. Die eigens zu diesem Buch gezeichneten Katzen stellen die »elegante, gutangezogene Gesellschaft« so vor, wie es
nur einer kann: Tomi Ungerer.

Eva Demski, Katzenbuch. Mit Abbildungen von Tomi
Ungerer. insel taschenbuch 3654. 89 Seiten

**Die schönsten Katzengeschichten
für winterliche Stunden**

Winterzeit, Weihnachtszeit ... das ist eine spannende Zeit für kleine und große Stubentiger. Wie viele Abenteuer warten da auf die neugierigen Samtpfoten! Was gibt es nicht alles zu entdecken! Es glitzert und blinkt, raschelt und knistert. Aus der Küche kommen verlockende Düfte; draußen laden fröhlich tanzende Schneeflocken zum Spielen ein. Die schönsten Katzengeschichten für winterliche Stunden versammelt dieser Band.

Katzen im Schnee. Ausgewählt von Gesine Dammel.
insel taschenbuch 4063. 132 Seiten

Auf leisen Pfoten ...

Die Winter- und Weihnachtszeit hält für unsere geliebten Samtpfoten viele Überraschungen bereit. Der erste Schnee macht das Herumstromern zu einem wahren Abenteuer. Und auch zu Hause geschieht Ungewöhnliches: ein Baum steht plötzlich neben dem eigenen Körbchen, es blinkt, glitzert und knistert ... und duftet himmlisch nach Braten.

Von anschmiegsamen, schnurrenden, eigenwilligen, klugen und tapferen Katzen erzählen die hier versammelten Geschichten von Eva Demski, Barbara Bronnen, Erika Pluhar, Nina Bußmann, Karsten Flohr, Detlef Bluhm u. v. a.

Weihnachtskatzen. Ausgewählt von Gesine Dammel.
insel taschenbuch 4179. 165 Seiten

NF 177/1/04.13